中国城市规划·建筑学·园林景观博士文库

自然的人化

——风景园林中自然生态向人文生态演进理念解析

Humanization of the Nature: An Analysis and Paraphrase on the Concept of Evolution from Natural Ecology to Human Ecology in Landscape Architecture

著者:李　利

导师:王向荣

学科:风景园林学

学校:北京林业大学

U0380334

东 南 大 学 出 版 社

·南京·

图书在版编目(CIP)数据

自然的人化:风景园林中自然生态向人文生态演进
理念解析/李利著. —南京:东南大学出版社,2012.9
(中国城市规划·建筑学·园林景观博士文库/赵
和生主编)
ISBN 978-7-5641-3603-1

Ⅰ.①自… Ⅱ.①李… Ⅲ.①园林艺术—研究 Ⅳ.
①TU986.1

中国版本图书馆 CIP 数据核字(2012)第 129720 号

出版发行:东南大学出版社
社　　址:南京市四牌楼 2 号　邮编 210096
出 版 人:江建中
网　　址:http://www.seupress.com
电子信箱:press@seupress.com
经　　销:全国各地新华书店
印　　刷:江苏兴化印刷有限责任公司
开　　本:700 mm×1 000 mm　1/16
印　　张:16.75
字　　数:300 千字
版　　次:2012 年 9 月第 1 版
印　　次:2012 年 9 月第 1 次印刷
书　　号:ISBN 978-7-5641-3603-1
定　　价:49.00 元

本社图书若有印装质量问题,请直接与营销部联系。电话(传真):025-83791830

主编的话

　　回顾我国 20 年来的发展历程，随着改革开放基本国策的全面实施，我国的经济、社会发展取得了令世人瞩目的巨大成就，就现代化进程中的城市化而言，20 世纪末我国的城市化水平达到了 31％。可以预见：随着我国现代化进程的推进，在 21 世纪我国城市化进程将进入一个快速发展的阶段。由于我国城市化的背景大大不同于发达国家工业化初期的发展状况，所以，我国的城市化历程将具有典型的"中国特色"，即在经历了漫长的农业化过程而尚未开始真正意义上的工业化之前，我们便面对信息时代的强劲冲击。因此，我国城市化将面临着劳动力的大规模转移和第一、二、三产业同步发展，全面现代化的艰巨任务。所有这一切又都基于如下的背景：我国社会主义市场经济体制有待进一步完善与健全；全球经济文化一体化带来了巨大冲击；脆弱的生态环境体系与社会经济发展的需要存在着巨大矛盾……无疑，我们面临着严峻的挑战。

　　在这一宏大的背景之下，我国的城镇体系、城市结构、空间形态、建筑风格等我们赖以生存的生态及物质环境正悄然地发生着重大改变，这一切将随着城市化进程的加快而得到进一步强化并持续下去。当今城市发展的现状与趋势呼唤新思维、新理论、新方法，我们必须在更高层面上，以更为广阔的视角去认真而理性地研究与城市发展相关的理论及其技术，并以此来指导我国的城市化进程。

　　在今天，我们所要做的就是为城市化进程和现代化事业集聚起一支高质量的学术理论队伍，并把他们最新、最好的研究成果展示给社会。由东南大学出版社策划的《中国城市规划·建筑学·园林景观》博士文库，就是在这一思考的基础上编辑出版的。该博士文库收录了城市规划、建筑学、园林景观及其相关专业的博士学位论文，鼓励在读博士立足当今中国城市发展的前沿，借鉴发达国家的理论与经验，以理性的思维研究中国当今城市发展问题，为中国城市规划及其相关领域的研究和实践工作提供理论基础。该博士文库的收录标准是：观念创新和理论创新，鼓励理论研究贴近现实热点问题。

作为博士文库的最先阅读者，我怀着钦佩的心情阅读每一本论文，从字里行间我能够读出著者写作的艰辛及其锲而不舍的毅力，导师深厚的学术修养和高屋建瓴的战略眼光，不同专业、不同学校严谨治学的风格和精神。当把这一本本充满智慧的论文奉献给读者时，我真挚地希望每一位读者在阅读时迸发出新的思想火花，热切关注当代中国城市的发展问题。

　　可以预期，经过一段时间的"引爆"与"集聚"，这套丛书将以愈加开阔多元的理论视角、更为丰富扎实的理论积淀、更为深厚的人文关怀而越来越清晰地存留于世人的视野之中。

南京工业大学　赵和生

自　序

　　本书研究的直接缘起来自于笔者这十多年来与"文化"的不解之缘（或者说是对文化的追问）。自懵懂的童年，我的母亲就告诉我，以后要努力读书考取大学，要成为全村第一个有"文化"的人。当时要实现考取大学的目标，显然是遥不可及，但是后半句中"文化"是什么意思？怎样才能有"文化"？这些问题给我带来了极大的困惑。后来上了小学，老师告诉我，多读书就是有"文化"。也许这也正是这20年来漫长的求学生涯能够坚持下来的原因之一吧！

　　然而，事情总是不会如此单调乏味地平铺直叙。随着年龄的渐长，求学日久，从农村到小镇、县城，再到省城最后来到北京，每一个阶段似乎都是对自己实现"文化"的理想而不断纠错的过程。记得小时候，每逢酷热难耐的暑假，我们村里的小朋友都会跑到村前的小河捕鱼虾、摸螺蚌、抓泥鳅……相比别人家的孩子在家看书、写作业，我们显然是一群没有"文化"的孩子。为此，父母总是喋喋不休，说不想念书就去干农活。后来等上了中学，每每想起干农活就有些后怕，也就从那个时候起才开始用功读书，争取将来成为一名工人（当时认为工人就是有"文化"的城里人）。幸运的是，我如愿考上了大学，并选择了风景园林专业。由于专业的需要以及个人爱好，我参观考察了大量充满文化的园林景点，当然也包括具有几百年厚重文化沉淀的苏杭园林，并学习了一些赞美这些传统园林的诗词，它们折射出中国传统的哲学、社会、艺术等辉煌而又博大精深的文化现象和理念。

　　近些年，我一直生活在高楼林立的现代化国际大都市北京。虽然觉得小时候的梦想都实现了，自我感觉良好，以为自己已经理解了"文化"的内涵，但是快节奏的生活、日常事务的操劳和繁重的学业时常让我觉得自己并不属于这个文化大都市。只有偶尔偷闲，静下心来追忆那些一去不复返的童年、少年时光，才能从中体味到一丝轻松惬意，这多少让我找回一点家乡的恬静与诗意。

　　然而上了研究生之后，我的导师告诉我，那些乡村田园风光作为第二自然,具有浓厚的文化遗产属性,是一种不断变迁着的、始终活着的文化形态。而那些关于田间、菜地、鱼塘、水库的劳作正是人们最具文化内涵的生存体验。这让我感触特别深,原来童年的我就已经是一个"文化"人了,当年的玩耍与淘气已经将自己与"自然"人区分了开来。反观自己多年来的大城市生活,与大自然的接触是少之又少,除了偶尔去郊区爬爬山,几乎没什么机会接触自然、改造自然,更无从说是去体验祖父祖母在田地里劳作的文化经验。于是越来越不"文化"的我开始对许多地区进行大量的实地考察和景观体验,并将其作为我课题研究和专业实践的一部分。正因如此,从自然生态演化和人类社会发展的过程来认识风景园林文化的深层含义,探索风景园林中的自然文化理念并揭示其背后的本来面目,成了我研究生学习中的一个主要的研究方向。

研究之初,笔者一直苦于探索一种符合我国当代风景园林现实的人文生态演进的适应性模式,期望能为我国当下的风景园林实践提供一定的理论依据。在当前复杂的社会局面,我们到底是应该回到东方传统文化,还是向西方现代文化看齐? 当初难以下定论! 随着研究的深入,我们发现当前的问题不在于是向东看还是向西看,而是找不到北,以至于地域文化价值观逐渐迷失。我们有必要从风景园林的本质内涵出发,重新给自己构建一个文化"指北针"。这个"指北针"就是挖掘风景园林的本来面目,以此来建立我们自己的当代文化价值体系,这也正是本书研究的核心内容。

本书是在王向荣教授指导下完成的博士论文改编出版成的同名专著,并结合笔者在导师门下参与的关于西湖的研究及其相关的研究型实践项目,从理论探讨到设计实践,对风景园林自然人文生态的演进规律进行多向度的系统研究,拓展了人们认知风景园林的视野。当然本书没有经历时间的推敲和岁月的积淀,其所呈现的思想远未形成严密而系统的理论体系,许多观点会随着历史的进程被打破,甚至被否定。笔者认为,那些穿梭于字里行间的只言片语或某个片断想法如果能对读者有所启发,那么本书的任务也就基本完成了,而其他更为广阔的空间也只能在今后的生活中不断地探索、深入和完善。

李 利

2011 年 12 月 25 日于北林

目 录

1 引　论

　　2009年末，全球瞩目的《阿凡达》（AVATAR）上映了，詹姆斯·卡梅隆为我们描绘的场景让每一个人都深深震撼。这部电影不仅为我们展现了现代高超的电影技术，而且更为重要的一点是：它为我们全人类在宣扬环境保护意识等普世文化价值方面作出了巨大贡献。该片最大看点不仅仅是詹姆斯·卡梅隆构建的潘多拉星球上的完美自然生态系统，而且还花费大量心血创造出的语言、文字、生物以及它们之间关系的人文生态演进历程，这一复杂的自然人文生态系统让人们以为这是一个真实存在的星球①。

　　这并不是一部简简单单的电影，它像是一座金矿值得影迷深挖。除了创新意识，《阿凡达》所宣扬的意识形态内涵以及不同文明之间冲突影射了政治、文化、环保、种族、宗教等多方面的问题，它反映的是一种人文生态理念演进的过程。片中的纳威（Na'vi）人都从铁幕时代的凶神恶煞变成了如今低三下四的弱势群体，而纳威人心中的"伊娃"（Eva）神还是有着基督教圣母崇拜的影子。影片将生态时代下的人文理念描绘得淋漓尽致，透过当地的气候变化、生态环境、植被、动物、风土人情、社会结构……它们共同构建了整个潘多拉星球几乎所应具备的全部内容。该影片是对塞缪尔·亨廷顿（Samuel Huntington）的"文明

---

　　① 詹姆斯·卡梅隆为我们描绘了一个全新的绿色世界：飞流直下的瀑布、漂浮云中的山峦、似含羞草的粉红植物、旋转飞行的"蜥蜴"、夜间发光的森林，似水母般在空气中游动的树种……这一切经过3D特效的渲染，让人仿佛身临其境。而这些只是构成这个世界的外在部分，卡梅隆还花费大量心血去创造语言和文化，撰写了一本350页厚的潘多拉百科全书，甚至计算了整个星球的大气密度和重力，从而推估出可能的生活形态、植物和音乐模式，这些努力让这个世界显得真实而可信。

的冲突"①(*The Clash of Civilization*)理论最好的影像图解(图
1.1)。

图 1.1　人类为掠夺潘多拉星球资源而开战

1.1　研究的缘起

1.1.1　"自然的人化"与当前的生态环境危机

　　"自然的人化"(Humanization of the nature)是马克思在《1844 年经济学哲学手稿》中提出来的,它是指人们的实践活动引起的自然因素、自然关系的变化。正如书中所说:"人的感知、感知的人性,都只是由于其对象的存在,或是人化的自然世界,才产生出来的。"②从本质上讲,是指自然在实践中不断地变为属人的存在,是人的本质力量对象化的明证。在人化的过程中,人使自然打上人的印记,或把人的本质力量、固有特点、属性对象化,从而使自然离开人即非如此的面貌。文化景观的历史告诉我们,正是因为人类长期以来对自然的介入、干预,各个地区才呈现出多姿多彩的自然景观。这种自然生态的外在呈现,其内在属性都具有地域人类文化的印记,如果脱离了文化的认知,其自然形态的差异性也就不复存在了。

---

　　①　文明的冲突理论认为,与 20 世纪意识形态占据主导地位不同,21 世纪现代全球的政治、经济、文化与社会,应当基于全世界不同宗教与文明间的深刻冲突来理解,文化的差异性将会扮演着一种极为突出的角色。

　　②　卡尔·马克思(Karl Marx)著.1844 年经济学哲学手稿[M].北京:人民出版社,1984

"自然的人化"是中国当代美学自身传统的有序演绎，生态美学为重新认识自然美提供了全新的理论基础，人文视野中的自然生态探索越来越受到生态学家、地理学家的关注。"自然的人化"不仅有人化的倾向，还有反人化的倾向，表现在社会生产实践中的人的"异化"和人与自然关系的"恶化"。在他们看来，现代科学和哲学危机是导致全球性环境危机的主要因素之一。因此我们可以认为自然生态向着人文生态演进能够改善以往那种抽象、客观、孤立地看待自然的方法。

　　众所周知，人类是产生自然环境变化的主要营力，是自然生态系统中不可或缺的主要因素。尤其是在科技高度发展的今天，地球上几乎所有的生态系统都或多或少地受到人类活动的干扰。虽然人们能够通过有目的的生产活动来改变自然并使其为人类服务，但随着工业革命的迅猛发展，人类总是幻想着能够完全统治大自然，从而将一个原本健康、进化的自然生态环境引向一种持续恶化的境地。显然，我们对自然生态系统与人类社会之间关系的了解相当肤浅，从一定程度上来说，当前全球性的生态环境危机主要是一种文化危机。

　　随着生态学以及景观生态学的兴起，人类在任何地方塑造任何形态的自然与文化，从工程技术上来说是非常容易做到的。遗憾的是，随着人类科学技术的迅猛发展，人类仍然错误地把自然看成一台可以随时开关的机器，他们往往无视场地中自然变化以及文化的存在，重新塑造一个不复存在的特定的自然或文化元素，这种把自然生态强行转变成文化沙漠的破坏行为导致文化生态的枯竭和自然生态的恶化。因此，在信息技术高度发达的今天，人类社会和自然生态系统之间的和谐共生关系归根结底是一个自然观和文化价值观的课题。今天我们所面临的全球生态环境危机、自然生态系统的破碎与退化都与人类文化价值观紧密联系在一起，正如前文所描述的《阿凡达》电影中地球人与纳威人之间的文明冲突一样，文化价值观的演化过程在自然的毁灭或进化中起到至关重要的作用。近些年来，自然科学、人类学和文化艺术等多学科交叉融合促使着自然生态向人文生态演进的方向发展，文化艺术地思考自然生态、城市、工程技术，并将自然、文化系统变迁从潜在的基因突变转向一种理想的互动演进。

　　21世纪的头10年已经过去，人类社会也正经历着由工业化石燃料逐步走向后工业化全球信息时代转变的关键时期，人类的价值观念和意识形态也发生了深刻的变革。当前文化生态逐步由工业化初期那种"征服自然"转为"迈向诗意栖居"。工业时期的意识形态冲突在全球化和后现代语境下逐步转换成了地区文化的冲突,种种迹象表明,21世纪将是一个地区文化、宗教全面复兴的世纪。

1.1.2　我国快速城镇化进程中的风土"突变"(vernacular mutation)[①]

城市是人类聚居活动的中心,它是由一些早期聚落经过几百年甚至上千年发展演变而来的超大型聚落,这种发展的进程在工业革命之前一直都以一种温和的生长模式,城市的自然生态环境、聚居的物质空间形态、社会的文化价值观念依靠生存经验的长期积累表现出一种独特的地方适应性经验模式下的自然、文化生态系统。

> 华丽的建筑、庭园或桥梁的例子不胜枚举,可是美好的环境却不易找到,尤其是近代的例子,规模不大、舒适、功能良好而又美观的住宅区倒是少数。也还有少量的设计优美的城市中心。形体特别出色的,有规划的大型居民区也是很少的。可是有规划的但丑陋而不适宜居住小区,不像样的市郊区、灰溜溜的市区和荒凉的工业区到处都是……好些历史名城,古老的耕作区或者原始而富有野趣的地区等照片,以及一些棚户区或古老的旧市区,虽然没有规划过,但与最新设计的市郊区或者公共住宅工程相比,倒反而显得温暖和有趣……[②]
>
> ——《英国大百科全书》

当代城市系统主要包括自然生态系统、物质空间系统、人文生态系统三个层面的内容,城市作为一个具有一定自组织能力的生命体,其发展演化是由这三个层面共同参与的渐进式的持续关联和复杂互动决定的。20世纪90年代末至今,我国处在全球化和社会转型语境中的新历史时期,随着工业化的发展与经济全球化的到来,当代城市受经济飞速增长的驱动力已步入了快速城市化的进程,给自然生态和人文生态带来了大规模的"建设性破坏"。在获取巨大经济利益的同时,千百年来所积淀起来的自然资源与文化资源疾速消亡,取而代之的是城市特色的消失,城市景观

---

①　在20世纪后期以来的城市化浪潮中,由于快速发展和盲目开发的短期行为,城市周边良好的自然、文化系统随着城市的扩张,原有自然文化特征迅速消失,导致其风土生态系统发生突变。参考:常青,沈黎,张鹏,吕峰.杭州来氏聚落再生设计[J].时代建筑,2006(02):106-109

②　程占祥译.参考:吴良镛.人居环境科学导论[M].北京:中国建筑工业出版社,2001:118

的趋同。一方面表现为城市自然生态群落布局的失衡;另一方面表现为城市文化生态系统的紊乱,特别是在某些区域生搬硬套地引进一些异域文化的景观,这些还没有来得及本土化的景观彻底打破了城市原有自然、文化生态系统的平衡,城市特有的自然、文化"物种"濒临消亡或产生了基因"突变"(在这里引用了生物学上的名词)。这种在快速城市化进程中引起的自然、文化"突变"是当前风景园林中自然生态向人文生态演进过程中最重要的问题之一。

在我国城市新区景观建设的过程中,西方物质消费主义的生活方式和文化被移植进来,并逐渐丧失中国特有的文化特质。原有的朴素的传统自然观理念作为一种非常珍贵的资源被外来强势的消费文化所取代,特别是在一些旧城区景观更新的过程中,片断化的植入直接导

图1.2 城市广场人文活力丧失,河道自然生态系统退化

致城市自然、文化的"突变",这种自然生态系统退化、地区文化活力丧失、空间形态肌理紊乱的区域就像一个还未出生就已死亡的"胚胎"(图1.2)。因为规划设计在最开始的阶段就已设定了一个固定的形态,彻底根除了该地区自然、文化演进的内在动力机制,而无法生长、成熟,并融入周边原有的城市景观。

1.1.3 当代我国人文生态演进的局限与困惑

当前我国处在快速经济发展的社会转型过程中,风景园林建设面临极为复杂的问题,除了面临着日益恶化的生态环境的威胁之外,还面临着地方文化身份缺失的危机。在探索传统文化方面,我国传统园林文化与当地社会生活存在一定的割裂,至今也没有整理出一套由中国传统文化发展演变而来的当代风景园林文化理论体系;而在引进西方先进文明的过程中,外来强势文化还没有与地方文化融合,导致当前我国出现了风景园林文化实践的困惑。特别是在还没有进行充分的现代主义的现实状况下就急匆匆地进入到了一个后现代的消费社会语境中,人们习惯于那种

无序、模糊的、无向度的追求强烈感官刺激的景象,当代社会已沉浸在商业文化影像氛围之中,我们获取的信息来自于媒体。面对大量的形式化、脸谱化的布景式二维图像(图 1.3),我们往往将文化的探讨归结为一个形式问题,并一直占据着设计话语的中心,并试图将复杂的社会问题简单化为几种固定的、容易识别的脸谱造型,正如十几年前流行的欧陆风、东南亚风格、加州风格,以及国内必须附加的中国文化元素等,他们并不以场地中的特征出发,而是先前预设一个先验的目标。它消解了风景园林在自然生态系统中的定位和社会文化发展中的引导角色,并组成了一幅脱离了场地本身的外来的、临时的、无序的形式拼图,在这里我们把它称为一种自然、文化"飞地"模式。像某些西方设计师一样,对风格的追求中常常表现出对设计师自己比对场地现状更浓厚的兴趣,他们不断地重新创造自己,把风格形式实际上定义为一个设计师的问题而非设计本身的问题①。原有脸谱化的形式化妆,受后现代消费语境和全球化的影响,逐渐演变成为一场城市狂欢的假面舞会。

图 1.3　布景式景观

图 1.4　城市中的自然、文化"飞地"

目前许多城市为了评"生态城市"、"园林城市"而单纯地提高绿地率、森林覆盖率等指标,没有从城市的自然文化系统出发,而利用城市中仅有的面积大量种树,这种不集约的土地利用方式导致许多大城市逐步走向郊区化,在城市中并不是绿地越多越好,我们要注重绿地的综合服务质量。那些人们无法进入、杂草丛生、无人管理并存在极大安全隐患的绿地与城市生活完全割裂开来,这些自然、文化"飞地"没有考虑其在城市发展中扮演的多重角色而导致文化功能的丧失,破坏了人与自然之间的共生关系(图 1.4)。另外,国内许多城市将自己定位于"历史文化名城",该定

①　张永和.坠入空间——寻找不可画建筑[J].建筑师,2003(10):16,17

位本身并没有问题。然而在具体实施的过程中往往过于注重其历史文化元素的填充,大量新建的假古董、假雕像、重建传统建筑在新城建设中蔓延,这种将历史文化进行符号化的认知往往导致事与愿违,与现代人们的日常生活远离而失去了城市活力。这种脱离了地方区域特色的外来文化符号以及脱离了现代人们生活的传统文化符号都丧失了其文化的价值,导致这种地域的真实文化被湮没。因此,我们当前全球性环境危机的本质内涵实际上是一种对自然的认知以及文化价值观演进的危机。探索符合当地我国风景园林中自然文化特征的适应性理论与实践便成为当前迫在眉睫的课题。

于是,疑惑就产生了:

1. 对于当代我国生态环境危机,我们如何认识自然和干预自然?

2. 怎样才能扭转我国快速城镇化带来的风土"突变"?

3. 在这样一个没有任何文化标准或审美参照的当代社会语境中,什么才能代表当前我国风景园林的文化精髓?

1.2 释题及相关观念的澄清

1.2.1 释题

本课题的核心概念——"自然的人化"(Humanization of the nature)来源于马克思的自然观哲学思想。它是一个漫长而有趣的自然人文演进过程,实际上它所涵盖的范围极为广泛,本书所探讨的内容主要是关于风景园林中的自然生态系统与文化生态系统之间相互演进的机制与理念。"自然的人化"由三个词构成,即自然、人和人化,每一词的内涵都是不确定的。"自然"既可以指本体论层面的物质实体,又可以指认识论层面的自然对象,也可以指生存论意义上的自然环境。按照马克思在《1844年经济学哲学手稿》中的观点,这是将自然全面纳入了"人化"的视野,使其成为一个属人的社会范畴。

"自然的人化"是指人对自然的实践再造,而人化自然则构成了人类生活的现实。所谓的"人化"主要指对自然的实践化,除此之外,人在感觉层面将自然纳入认识范围;在情感方面作为主观情志的寄寓;在伦理层面作为主体人格的象征,这些都是自然"人化"的重要组成部分。因此,尽管"自然的人化"在理论上不是一个完全自明的概念,自然、人、人化三者词义的多元性,使这一概念具有了作出多种解释的可能。本书主要论述风景园林中有关自然、文化实践方面的内容,是一种特定意识形态下的自然进化和文化变迁。自然生态向人文生态演进就是试图扭转因当前社会快速发展而产生的建设性破坏,使前人创造性劳动积累起来的自然物质景象和人文历史遗存保持向前演进的延续性与连贯性(图1.5)。

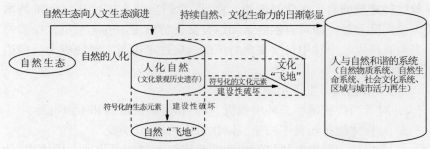

图 1.5　本课题相关概念的框架体系

本书将"自然的人化"这一哲学层面的探讨与风景园林学科相结合,提出了自然生态向人文生态演进的风景园林新理念。该理念蕴含两个层面的意思:

一、强调从自然生态到人文生态的转变,即"自然的人化"。原始的自然在叠加了人的活动之后转变成了一种人文的自然。本书探讨这一层面的目的在于拓展人们对于"自然—人文"的认知。

二、强调人文生态的演进历程,即"人化自然"的历史演变过程,具有时间的属性。由于人的观念的变化和人的活动的不同,旧有的人文生态图景就随之演为一种新的人文生态图景。本书探讨这一层面的目的在于建立一种新的理念来认识自然,合理地介入自然,最终推动它向一个健康的、人与自然和谐的人文生态图景演进。

本书提出的自然生态向人文生态演进理念并不是要将自然环境推向一种吟诗作赋的诗歌、散文、音乐、绘画等纯艺术范畴的概念,而是指人类对自然生态进行有意识的社会活动,使其向着构建一个人与自然和谐的系统方向演化,它是包括土壤、水、大气等自然物质基础,植被、动物等自然生命支持系统,人类社会文化变迁等多维时空尺度上的综合体。其中自然特征仅仅作为外在表象,这种有意识的社会活动是历代人类智慧的结晶。因此,自然生态向人文生态演进的实质内涵反映了"自然的人化的本来意义"。正如马克思所说:"自然界,就它本身不是人的身体而言,是人的无机的身体,人靠自然界生活。这就是说,自然界是人为了不至死亡而必须与之不断交往的、人的身体。植物、动物、石头、空气、光等等……从实践领域说来,这些东西也是人的生活和人的活动的一部分。人在肉体上只有靠这些自然产品才能生活,不管这些产品是以食物、燃料、衣着的形式还是以住房等等的形式表现出来。"例如人类的耕作过程是建立在自然生态的基础之上,按照人类的需求进行改造并成为人化自然,其本质上是一种自然生态向人文生态演进的过程。

笔者认为从自然中探索其文化的生成与演变能够跳出传统与现代、西方与东方之间的争辩,从其最根本的自然演进规律与文化发生和变迁的原理出发,提出了自然生态向人文生态演进的风景园林理念。它作为一种科学操作策略和人文运作机制,在改善自然生态环境的同时,也重新构建了我们千百年来赖以生存的人文栖居环境。

1.2.2 相关观念的澄清

人们对自然与文化的讨论持续不断。近年来,对于自然的认识随着技术的进步越来越深刻,同时人们对文化的探讨也随着物质生活水平的提高而日益高涨。但是需要指出的是,由于受西方社会的影响,一直强调自然、文化对立的二元论思想而导致人们普遍忽视自然、文化之间的联系与融合。与此同时,当代全球性生态环境危机和地域文化消退使得人们对自然与文化的认识变得越来越模糊,以至于难以处理我国当前风景园林建设中遇到的问题与困惑。

1.2.2.1 澄清一:自然生态向人文生态演进是历史的必然

事实上,人类社会发展到今天,先进的科学技术已经将人类的控制力扩展到地球上任何地区,几乎不存在完全没有遭受到人为干扰的原始自然。自然的演替进程在不同尺度范围内都或多或少的发生了转换,这些经过转化的自然景观都蕴含着丰富的文化信息。经过时间的积淀,这些具有厚重文化属性的自然景象成为了文化景观。近年来,文化景观逐渐成为人们关注的焦点,文化景观的研究为当代风景园林文化的维护和延续提供了一个新视点。

近年来,人们对"自然与文化"的理解走向了一种融合的观念,强调以自然为风景园林的本质,并展现其人类活动作用下的文化特征,并协调人与自然的关系,实现自然资源的可持续利用。其实自然与文化本身就是一对开放的概念,他们仍然在不断相互演化与自我变迁。

生态(Ecology)我们通常理解的是狭义的生态概念,主要指的是自然层面上的生态,强调一种自然环境的整体和谐;而实际上生态概念最初源于希腊语中的"oikos",是"家、房屋、住宅、所在地"的意思,对这个层面的挖掘将生态概念扩展到了对所有有机体相互之间以及它们与其生物及物理环境之间关系的研究(Ricklefs,1973),除了自然演替,还包括人类活动及其文化进程、社会发展等。

然而,自然和文化作为风景园林的两个最主要的层面,被一些西方学者认为两者存在二元对立的关系。人们有意识地对自然生态过程的干预及其演变规律的把握使得自然与文化成为一对共生融合的概念,包括自然进化与文化变迁以及两者相互交织、演化过程的综合体。同时,对自然与文化涵义、生态美学以及文化景观的理论等方面都进行着不断地探索,风景园林的自然、文化属性的本质特征在这些探索与实践中更加突显。著名的德国生物地理学家 Troll 给风景园林赋予了一个广泛而全面的解释,即人类生存范围的整个空间中具体的、有时空限制的、三维实体,是岩石圈、生物圈和人类圈的一体化,将其作为一个"整体"进行研究,而不是简单的部分之和(Troll,1971)。这种将景观作为全部的自然与人类生存空间的界定也恰好驳斥了一些将风景园林中具有的文化遗产属性仅仅作为一个历史文化载体,而非独立的文化概念。如果认为这种载体上的文化层面的东西是可有可无的,或是自然生态上的一种点缀,一种附加,那就割裂了风景园林的自然因素和文化因素之间的内在逻辑关系,也就和本书的核心理念:风景园林中自然生态向人文生态演进不符。

1.2.2.2　澄清二:当前生态环境危机实际上是一种文化危机

在世界人口持续增长而自然资源急剧缩减的状况下,现代农业、城市工业、休闲娱乐和其他土地利用活动都有意无意地促使了自然生态系统的进一步退化和破碎化,大面积的、多元化的自然和人文景观在极短的时间内变成了单一的、生态脆弱的人为建成区和文化沙漠。这显然不只是自然生态系统内部自身出现的问题了,我们要从人类文明进程、伦理价值观和生活规范中去寻求人类和自然之间和谐共处的关系,而社会学、文化人类学等领域为我们全球生态环境危机提供了多样的文化视野,这种文化价值观上的根深蒂固才是产生当前生态环境问题的关键所在[①]。不幸

---

　　① Zev Naveh 著;李秀珍等译. 景观与恢复生态学——跨学科的挑战[M]. 北京:高等教育出版社,2010

的是,环境决定论的倡导者继续关注于他们认为与文化无关的客观的自然物质世界,单纯而片面的生态环境保护使他们不能认识到整个世界建构所带来的深刻后果。

恩格斯认为,自然科学和哲学一样,直到今天还完全忽视了人的活动对自然的影响,我们已无法回避人类活动所引起的自然生态系统的变化。我们在改善自然生态环境的同时,也应为自己创造新的生存条件。我们无时无刻不在通过自己的活动使得自然物质获得社会历史的尺度,并向着一种人文生态的方向演进。人类活动在加速和减缓自然演替进程的过程中,促使原有的自然生态系统演化成以人为主体的人类生态系统。因此,全球性生态环境危机实际上是一种有关人类如何认识自然、介入自然的文化价值观的危机。

1.2.2.3 澄清三:人类有意识的介入自然蕴含着深刻的文化

众所周知,文化是人类社会活动的产物,是人类干预过的自然生态的外在表现。本书研究的风景园林文化不是指古代文人墨客用来描绘自然山水、抒发个人情感的诗歌、散文、绘画、音乐等纯粹艺术范畴的东西[①]。如果从物质层面上来继承传统的文化符号、元素或将其形象特征复原、照搬,其僵化的符号形式脱离了现代人们的日常生活而变得毫无意义,便失去其文化的内涵。因此,当前我国许多风景园林的文化困惑在于将人类活动看成是外部干扰,文化的生成与演化来源于人为的加入文化元素,于是产生了大量外在的文化形式附加在自然景物之上。风景园林文化更多的应该是来源于场地中自然生成或人类有意识活动的自然流露,其文化理念更多的是当地人们基于现有自然条件下长期浸润的适应性智慧,是一种集体无意识的人类活动。

当前人们对风景园林的自然与文化涵义、生态美学以及文化景观的理论正进行着不断的探索[②]:一方面,地域景观已成为当今文化形式的重要来源,其内在逻辑和文化特征都得到了行业内的广泛认同;另一方面,基于地域特征和文化延续的理念,体现了自然生态向人文生态演进的多样性和地方性,对我国风景园林文化理论与实践具有一定的参考价值。

---

① 程文锦. 发现西湖——论西湖的世界遗产价值[M]. 杭州:浙江古籍出版社,2007:26-27
② 中国风景园林学会编著. 2009—2010 风景园林学科发展报告[M]. 北京:中国科学技术出版社,2010

1.2.2.4 澄清四:将"自然的人化"控制在一个合理的范围

我们说在自然上进行人类活动就是一个"自然的人化"的过程。然而人类的过度干预有可能产生负面的效应,我们需要将人类活动控制在一个合理的范围之内,既不是随心所欲、任其发展,甚至像工业革命时期一样征服自然;也不提倡人类重新回到低技术下的农耕时代,而是采用适宜的技术,创造一种适时、适地的与自然和谐的人文景观。

人类生态学者 Rappaport 认为当我们的科学技术水平和对自然的认知方式不同时,我们对待自然的方式及其文化价值观就会产生差异。例如:对于一个森林生态系统来说,包括可利用的"资源",无法利用的中性要素以及那些竞争者,当把这种"经济合理性模型"应用到少数仍然保留着传统价值观和文化认知模式的土著聚落时,例如亚马逊的印第安人和东非的尼罗-含米特牧民,我们就破坏了那里的资源,同时也破坏了它们的文化(图1.6,1.7)[①]。

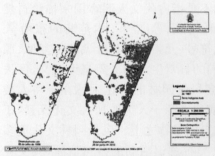 

图1.6 自1996年至今亚马逊流域被砍伐的森林面积,其中包括亚瓦部落生活的地方

图1.7 1985年卡拉加斯矿和铁路的营运标志着外界人大量涌入亚瓦领地的开始

自然的人化是一种以人为主体,自然为客体的生态关系。我们在改变自然的同时;环境也同样在塑造人类。人与自然生态系统中其他的生命形式不同的是人能够进行有意识的文化活动,在长期的生存实践中将自己与自然生态系统区分开来。同时,人又是自然的一部分,通过主观能

---

① 巴西印第安基金会(FUNAI)进行的一项研究显示,亚瓦部落赖以生存的森林,有近31%已经被非法砍伐一空。2009年亚瓦部落遭遇的森林砍伐情况比亚马逊流域的其他地方都严重。25年前修建的一条铁路把这个世界上最大的铁矿与外界连接起来,一些与世隔绝的印第安部落也开始暴露在人们的视线中。

动性的生产、生活体验将自然资源转换成人类生存所需的人化自然。人的这种主客体之间的关系是人在这种长期的生存体验的过程中逐渐积累起来的人与自然、社会与自然的共生关系，它强调的是一种健康、进化的自然进程和文化演进过程，具有一定的演变轨迹，并在该轨迹中呈现出一定的稳定性和自我恢复能力。正如恩格斯在《自然辩证法》中提到，"人类对自然长期的改造活动使得人们越来越认识到自己与自然的一致性。"原来西方那种将人与自然对立的二元论观点显然是荒谬而不合逻辑的。

1.3　国内外研究现状及其相关理论概述

自从人类诞生以来，人们就开始了对自然的干预并逐渐地形成了文化景观，这些早期的人文景观遗存往往表现为实用性的风景园林实体。然而经过长期的发展演化，这些自然形态的物质实体逐渐获得了更多的文化内涵，这种有形的、空间可视化的自然生态实际上也已转换成一种无形的、文化艺术上的感知与体验(Naveh and Lieberman，1994)。本研究的出发点主要是从当前我国风景园林文化所面临的种种困惑而展开的，而国内相关理论研究相对滞后，特别是理论建构远远落后于实践探索。现当代风景园林文化既往研究综述主要从国外现有的相关理论研究与实践探索中进行整理，总结其中可以借鉴的演进经验；同时从我国社会的现实出发，国内一些先锋的理论家和设计师在对悠久的地方传统智慧的现代转换，国外相对成熟的研究理论借鉴方面也进行了移植、本土化及其新探索。

1.3.1　国外研究现状

西方文化的主流表现为人定胜天、征服自然的社会价值观，他们在自然的人化这样一个演进过程中表现得尤为明显。这种将人类社会与自然截然分开的观点，是驱动社会远离自然节律和过程的一些动态机制必然而有害的结果(Ervin Laszlo，2009)。18 世纪的工业革命加速了西方城市化进程，生态环境极度恶化，并出现了各种各样的城市病。直到 20 世纪 60 年代，人们才再次开始意识到自然生态系统的重要性，且发展出了景观生态学、文化人类学、城市规划学等相关研究，并将人类—文化—技术—自然系统的全部动态过程统统纳入到我们的日常生活中来，构成

Zev Naveh 先生所倡导的整体人类生态系统。下文是对国外一些相关理论研究状况的概述。

1.3.1.1 "人化自然"与自然观

"人化自然"的概念,最早是马克思在《1844 年经济学哲学手稿》中提出来的。它是指作为人的认识活动和实践活动的对象的自然,即被认识活动和实践活动打上印记的那部分自然。马克思创造性地运用社会的、实践的、发展的观点分析了人与自然的关系,从历史、现实和理想的角度看人化自然的生成与演进历程。然而,我们在工业化时期,只重视了人类实践活动成果积极的一面及由此体现出来的人的能动性、创造性,而忽视了实践活动也包含着消极后果的必然性[①]。恩格斯早在《自然辩证法》中就已经警告过人们,虽然人能通过根据自己的需求来改造自然,并使自然为人类更好地生存服务,但是我们不能过分依赖于人类对自然的控制。因为,我们在每一次与自然的争夺过程中的胜利都只是短暂的,从长远的眼光来看,自然必将要报复人类[②]。

西方社会曾将自然看做是人类主宰的世界里的附属物品,或者将自然看做一台可以随时开关的机器,并征服自然。在此之后,自然环境恶化才唤醒了人们尊重并保护自然。20 世纪 70 年代,阿普尔顿(Appleton,1975)的"景观体验"和"瞭望—庇护"理论以及卡普兰(Kaplan,1982)的自然环境的文化认知模式在一定程度上改善了西方文化社会背景下一直强调的自然、文化二元论的片面认知模式。

风景园林中自然的进化与文化感知体现了哲学家和文化地理学家对文化的广义界定,而自然生态向人文生态演进,是"自然的人化"这一概念结合风景园林这个层面而得出的新理念。自然的人化是根据人们现有的经验、价值观和世界观进行有意识的实践活动,把人的本质力量、固有属性对象化。在这里我们可以从两个不同层面来理解:从实践层面上来看,它是指人们在生产、生活的过程中对自然的干预活动,使自然发生改变;而从认知层面来看,自然的人化是指自然按照人的生理和心理特点进行理解与认知,并强调对自然的理解是建立在人类文化认知基础上的结果。

---

① 莫茜. 论人化自然与地球环境问题[J]. 学术界,1995(02):11-14
② 恩格斯. 自然辩证法. 参见:马克思恩格斯选集第 3 卷,p517

Zev Naveh 在关于地中海景观的演化研究中①,认为自从更新世,现代人类出现之前的十几万年以来,人类在塑造地中海景观中已经扮演了重要的角色。更新世时代,在火的帮助下,人类通过采集食物和捕猎活动将地中海区域从原始的"自然"景观变成了半自然的农业前景观。这种景观又在其后的全新世中,被地中海的农牧业活动转变成了半自然的文化景观。

美国当代风景园林师詹姆斯·科纳(James Corner)在他的《论当代景观建筑学的复兴》(*Recovering Landscape*:*Essays in Contemporary Landscape Architecture*)中提到,风景园林的复兴是一场重要的文化活动,相对于近年来风景园林在文化身份认同上的缺失和文化价值观的边缘化而言,人们对风景园林的广泛关注带动了其文化层面的重新崛起。他认为风景园林就像是一个通过不同社会文化背景观察他们聚落、田野、山川、河湖和林地的异常清晰的透镜,风景园林的这种社会属性不单单作为一种文化的载体,更是一种积极影响现代社会生活的工具,并同时包含了自然演替进程和人类社会的现象学体验②。至此,关于自然的文化认知已不再是一种只注重外观和美学的观点,而是倾向于一种由自然生态向人文生态演进的策略手段。

1.3.1.2 科学的自然干预策略

20 世纪 60 年代,面对人类对自然地域的无序开发导致的整个地球生态环境和生态危机,著名风景园林师、教育家伊恩·麦克哈格(Ian L. McHarg)首次提出了系统、科学、合理的"生态规划设计"理论,把风景园林工作领域再次拓展至大地规划,进一步丰富了风景园林学科的内容,为自然境域的合理利用,人与自然的和谐共处指出了新的理论思路和实践方向。

自然生态系统是一个以无机环境为基础,以生物为主体,人类为主导的复杂巨系统,并不断流动、迁移、转化和进化。它是正确处理天、地、生、人、文的相互关系,合理调控现有景观生态系统和规划设计以建造新的景观生态系统。在 1935 年 Tansley 提出生态系统学说和景观地理学的背

---

① Zev Naveh 著;李秀珍等译. 景观与恢复生态学——跨学科的挑战[M]. 北京:高等教育出版社,2010
② [美]詹姆斯·科纳著;吴琨,韩晓晔译. 论当代景观建筑学的复兴[M]. 北京:中国建筑工业出版社,2008

景下,1939 年德国 C. Troll 提出了"景观生态学"(Landscape Ecology)的概念,将风景园林作为一种生态系统的载体。

然而,景观生态学所发展出的一套科学、理性的"自然生态系统"范式,将人类作为自然的外部力量而忽视了其人与自然之间的紧密联系。他们将生态环境移出了已经存在于几千上万年的进化历史中的环境,并将自然生态系统作为自然中的基本功能单元,使生物群落和非生物群落(不包括人类)朝向一个"成熟的"、没有人类干扰的、稳定的顶级阶段发展。因此,我们有必要重新将人的因素纳入自然系统,这种反思性理念为后工业化时代和信息化时代走向人与自然共生关系的文化演化奠定了坚实的基础。

1.3.1.3 工业之后的自然文化景观修复

欧美等发达西方国家经历了一个完整的工业革命时期,从忽视自然、征服自然逐渐演化为保护自然、维护自然演变规律的发展过程。特别是西方国家城市化进程中出现的生态环境恶化,对人类的生存产生了极大的威胁,促使人们对城市工业用地的普遍关注。随着信息化时代的到来,这些工业生产活动结束了,原有的工业用地成为了大量的被废弃的闲置土地,城市中心区也因此走向衰败。这些工业遗迹受过去工业生产的影响已经变得破败不堪,土壤遭到污染,对周边环境特别是居民区造成严重的干扰和破坏。

基于这种情况,当代西方设计师形成了将工业遗产保护与利用作为唤醒人们在后工业化时期对自然的认知。尼尔·科克伍德(Niall G. Kirkwood)在理论层面对后工业景观做了大量的研究,并出版《场地操作——重新思考后工业景观》(*Manufactured Sites：Rethinking the Post-Industrial Landscape*),提出将场地进行恢复并融入现代人们的生活。这类有代表性实践案例包括:内华达拉斯维加斯湾、美国西雅图天然气公园(Gas Works Park)、阿姆斯特丹 Westergasfabriek 公园、伦敦湿地中心、杜伊斯堡北部公园(Landschaftspark Duisburg Nord)等。它们都是重新以一种新的文化角度来诠释场地本身的自然状态、工业痕迹以及现代人们的生活方式。

1.3.1.4 景观推动城市更新理论

将景观介入城市,引导一个衰败的城市走向更新,使城市中的自然、人文、经济等多种层面进行全面的复兴。它是一种新的跨学科协作的管理策略,这种模式在重视场地设计、地域文化特征的表达和自然生态系统的演进的同时,也注重大尺度景观的操作方法①。该思想来源于瓦尔德海姆的导师麦克哈格所倡导的生态规划思想,与导师不同的是,他更关注人类活动及其文化的影响,将人的因素纳入自然系统当中,以构建一种集自然、文化、经济、社会彼此影响、协作、促进的动态新型的综合系统②。也就是将自然演进和城市发展整合为一种可持续的人类生态系统。

当代先锋设计师倡导一种以景观取代建筑成为当今城市的基本组成部分,它是强调设计的生态规划理念,多学科协作,分阶段实施的长期有效的灵活机制以及景观的科学管理方法。风景园林师应成为项目的组织者与领导者,整合各相关学科的关系,把自然引入城市,尊重自然演替进程,并为现代城市提供了一种具有文化影响力、生态知识和经济可行性的长效机制和新策略,以推动区域与城市的再生。从某种程度上来说,也可将其作为一种可持续发展的绿色基础设施,例如:高伊策 West8 事务所的阿姆斯特丹内港项目和多伦多中央滨水区重建、詹姆斯·科纳主持的位于纽约斯坦顿岛 Fresh Kills 垃圾填埋场以及最近刚建成的高线公园(High Line)等项目③。

城市中自然系统与人类系统相互作用,并产生一个充满活力的有机综合体。这种自然、文化过程的管理以及人类活动介入自然的考虑将使各种生态基础设施的功能,土地的合理利用,城市的社会文化需求结合起来,并最终发展成为处理人与自然和谐关系的行动策略和思维方法,它符合当今世界风景园林行业普遍的文化价值观。

1.3.1.5 整体人类生态系统理论

构成我们日常生活基础的整体人类生态系统理论是基于当前科学和社会学中还原论和机械论世界观而错误地把人类社会和文化活动同自然演替进程割裂开来而提出来的。以往人们将所有的环境问题都归结为自然生态问题,而不考虑其社会因素。人类社会的快速发展逐渐将现代人类社会的演化过程与其所在的自然生态系统脱离开来,使得人类社会成为具有独特规律和过程的系统,而自然系统的功能则降格为一个简单的"源"和"汇":提供自然资源和居住空间以及接纳废弃物等。

---

① James Corner. Terra Fluxus. In: Charles Waledheim(ed). The Landscape Urbanism Reader[M]. New York: Princeton Architectural Press, 2006

② Charles Waledheim(ed). The Landscape Urbanism Reader[M]. New York: Princeton Architectural Press, 2006

③ Charles Waldheim. The Other' 56 [J]. 景观设计学, 2009(05): 25-30

在 1984 年出版的 *Landscape Ecology*：*Theory and Application* 一书中，Zev Naveh 等人指出：“景观生态学是研究人类社会及其生存环境之间的相互作用或关联性的跨学科交叉领域。”并认为景观生态学以普通系统论，自然等级组织和整体性原理，生物系统和人类系统共生原理等为其基本原理或基本理论。整体人类生态系统[①]（Total Human Ecosystem，THE）是景观生态学家 Zev Naveh 为应对当前这种工业化社会的发展与自然环境进化规律之间的矛盾而提出来的。他强调景观正处于自然演替进程与人类社会文化活动的界面之上，是整体人类系统的有机组成部分（Ervin Laszlo，2009）。它为我们提供了更为开阔的，能够更好地理解风景园林中自然、文化的多元性及其演化过程。

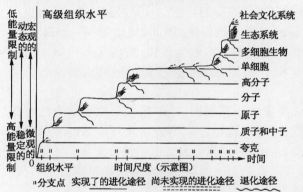

图 1.8　宇宙、生命有机体以及人类社会的演化、跃迁过程

另外，Laszlo 在关于自然文化进化方面有着独特的视角与理念。他的研究证实了可以通过在整体人类生态系统中恢复“生态—文化—经济”方面的复杂网络，把自然与技术之间敌对的、破坏性的关系转化为互相支持、协调共生的关系。Laszlo 探讨了宇宙、生命有机体以及现代社会中协同演化格局的变化和转换问题。他认为从物理学演变到化学演变、生态学演进、文化变迁等不同等级组织水平之间的演化进程表现出一种突变性跃迁过程（图 1.8）[②]。

Laszlo 的研究为风景园林在自然生态向人文生态演进以及作为整体人类生态系统中文化演进的一部分提供了有力的理论支撑。简单地说，就是从最原始的食物采摘、狩猎阶段到新石器农业时代的演化，再从农业时代到工业革命的转变，直到目前，仍然处于走向信息社会的混沌转变时期。作为演化进程的一部分，自然景观被改变为半自然的农业景观和城

---

　　①② 　Zev Naveh 著；李秀珍等译. 景观与恢复生态学——跨学科的挑战[M]. 北京：高等教育出版社，2010

市工业化景观、文化景观,并维护这一"社会—文化"演进中的自然生态平衡。

1.3.2　国内研究现状

与西方不同的是,我国在很早以前就开始探索"人文的自然",传统园林非常注重将自然作为人的心灵的外化,可以说我国在自然的人化方面已经历了几千年的不断探索。只是到了近代,西方文明的冲击等多重因素使得我国风景园林文化的传承出现断裂。直到近几十年,国内才越来越重视风景园林中文化身份的定位,并试图去发现每个地区鲜明个性中所承载的文化价值。特别是对历史文化景观的研究,随着社会对风景园林行业的关注,风景园林文化成为一门显学。当代国内对国外风景园林文化的借鉴与研究经历了三个阶段的历程:移植、本土化、新探索;同时针对我国传统文化的继承与发扬也做了大量的探索。国内研究主要可以概括为以下几个方面:

1.3.2.1　有关中国传统园林智慧的传承

中国传统园林理论博大精深,以独特优秀的民族特色屹立于世界园林之林。中国传统园林始终秉承"道法自然,天人合一"的哲学理念,并追求"虽由人作,宛自天开"的艺术境界,是超越时代的自然与文化的结晶。同时我国历史上的园林是与风土文化紧密相关的,并融入当地特有的地域环境,根植于大地的典范。历史园林不仅是文化景观的遗存,它也是自然的象征,因而是具有生命的文化遗产。古代造园的构思、设计是调动人类文化精髓与自然要素相互融合,获得愉悦美好空间的创造性行为[①]。美学家李泽厚曾把中国园林归结为"人的自然化和自然的人化"。

改革开放 30 年,我国在历史园林研究及其文化价值再认识方面已取得了快速的发展,特别是在传统历史名园的保护和文化景观的延续方面已取得了业内外的广泛赞同。许多学者将理论研究与实践相结合,提出了许多学术思想,丰富了当代园林理论体系。如冯纪忠的"行、情、理、神、意五个层面"的观点,朱有玠的"风景园林是以自然审美为主的生态境域"的观点,孙筱祥的"中国优秀古典园林造景,是自然山水的艺术再现"的观点和"三境论"(生境·画境·意境)思想,以及孟兆祯的"避暑山庄园林艺

---

① 2000 年 9 月在日本冈山市举办的第三届日、中、韩风景园林学术研讨会发表了《从传统园林到城市宣言》,参见《中国园林》2000 年第 6 期。

术理法赞"和"借景"理论的深入研究和阐述等①。

1.3.2.2　有关国外理论的介绍和梳理

近代以来,西方强势文化一直都是以一种中心向外扩张的姿态影响着世界的文化价值观,这一点在我国吸收西方的理论和经验方面表现得尤为明显。其中一些西方先进理念的借鉴与总结,为当今我国面临的各种自然环境问题及其社会文化认知提供了一定的理论基础。主要有郦芷若、朱建宁合著的《西方园林》,王向荣、林箐合著的《西方现代景观设计的理论与实践》,以及译著《美国景观设计的先驱》(查尔斯·A. 伯恩鲍姆著)等,这些论著大大开拓了我们的视野,为国内学科的发展理清了一条西方风景园林的发展脉络,其全面而翔实的内容对本书中有关"自然与文化"之间联系的探讨具有重要的帮助。随着国内外交流的逐渐频繁与深入,越来越多的相关理论被介绍到国内,例如:*Landscape Ecology：Theory and Application*,*Landscape Urbanism Reader*,*Recovering Landscape：Essays in Contemporary Landscape Architecture*,*Manufactured Sites：Rethinking the Post-Industrial Landscape* 等都有了中译本,在此就不一一列举。

1.3.2.3　结合我国社会现实进行分析并阐述自己的见解

本书的研究是在王向荣教授和林箐副教授的研究成果的基础上进行的,主要包括发表于中国园林学刊的《自然的含义》(2006)和《风景园林与文化》(2009)两篇论文,以及笔者在导师工作室参与的研究实践等。其中《自然的含义》归纳了自然的四个层次:原始的自然(第一自然)、人类生产生活改造后的自然(第二自然)、美学的自然(第三自然)和被损害的自然(在损害的因素消失后逐渐恢复的状态,第四自然),并认为每一个层面的自然都有自己的特征和价值。这种认识非常清晰地整理出了自然的不同层次,将我们以前处于矛盾中的各种自然的概念作了合乎情理的重新解释。在这种广义的对自然的理解中,是否有人工的痕迹不再是衡量自然的标准。除了第一自然是天然形成的以外,其余 3 类都是人类干预后的自然,也可以成为人化的自然。另外,在《风景园林与文化》一文中以"文化景观"作为新视点,认为人类的创造性活动促使物质形态的自然具有了一种文化的属性,我们应该维护和延续场地现有的文化属性,并创造出符

---

① 中国风景园林学会编著. 2009—2010 风景园林学科发展报告[M]. 北京:中国科学技术出版社,2010

合当代文化价值观的真实的风景园林文化。

另外,杭州市园林文物局陈文锦在《发现西湖——论西湖的世界遗产价值》(2007)中提出西湖作为一种文化形态而存在,其千年演变史是"自然的人化"的过程。俞孔坚在《理想景观探源——风水的文化意义》(1998)中从人类生存的角度探讨了我国传统理想景观中的文化意义,认为中国原始人类满意的栖息地模式和中国农耕文化的生态节制机制体现了人与自然关系和谐共处的景观理想。他又在《生存的艺术:定位当代景观设计学》(2006)中提出今天的风景园林必须重归真实的、协调人地关系的"生存艺术",构建"天地—人—神"的和谐。苏肖更的《园林景观的文化意义》(2002)从哲学的角度,探讨了风景园林意义流变的文化诱因以及当代风景园林的意义。

1.3.2.4 当下的一些探索性实践

近十年来,我国风景园林实践在应对当前全球生态环境危机和地域文化身份认同的双重价值观念而进行了积极的探索。国内一些重大项目的景观修复与再生(例如杭州西湖综合保护工程,见本书第 7 章)在有效确保其历史真实性的基础上,通过相关学科的交流与协作,进行科学、合理地保护与利用,使其焕发出新的活力。这对于人类与自然的和谐、传统文化的继承与发扬、人们的文化生活都起着非常积极而有效的作用。

在杭州江洋畈生态公园的实践中,设计师针对场地中西湖疏浚的淤泥以及植被自然演替进程提出,当代风景园林师对自然的理解不应停留在自然的外在形式上,而应体现在对自然的能力和演变规律的把握和管理上。在厦门园博园的规划中,设计师认为现状鱼塘、道路、海湾这种丰富的肌理反映了当地人与自然的一种相互依存、相互影响、改造与被改造的关系,并延续了这种地域景观和乡土文脉。在上海世博会后滩公园中,设计师将风景园林作为生命的系统,引入一个可以复制的水系统生态净化模式,建成了具有水体净化、防洪、生产、生物多样性保育、传承文明、审美启智等综合生态系统服务功能的城市公园。

限于篇幅,国内还有大量的相关理论研究和实践探索,在此只能概要地介绍。既往研究虽然没有采用本书这样的提法,但以上成果与本课题的研究有着极为紧密的联系,并有助于系统、深入的研究自然、文化演变进程。

1.4 研究的目的、意义和要解决的问题

1.4.1 研究的目的

本书提出了风景园林中自然生态向人文生态演进的理念,目的是为风景园林理论建立起一套基于哲学认知体系下的文化解释系统;为现有的风景园林实践提供一种如何认识、介入自然以及如何发现、维护并延续场地中的自然、文化特征的新思路。

本研究是在风景园林外在表现出来的自然物质形态和内在生成的文化内涵之间建立起一座桥梁,将原本存在的"自然—文化"联系进一步融合成为一个整体。人化自然的研究是通过对历史人文景观的系统分析,探索一种从自然生态系统出发,向人文生态演进的理念。同时在这种理念的指导下试图构建出风景园林中自然的人化的操作策略和运行机制,着力解决我国快速城镇化进程中的风景园林文化生成与演化危机。本书中"自然的人化"关注的是城市、自然和文化三个层面的内容,其目的在于试图将自然生态系统、人类生态系统和城市生态系统构建成为一个相互融合的综合演进理念。

1.4.2 研究的意义

首先,不同的历史时期所面临的社会矛盾和问题不同,因此风景园林的理论研究需要依据当前社会所出现的风景园林现象进行剖析,为当前(特别是当前我国的现状)所面临的问题提出相应的解决措施或适应性的理论。本课题的研究具有一定的时效性,研究紧扣当前我国风景园林所面临的机遇与挑战(即生态系统退化、地域文化缺失、城市化进程导致的风土"突变"),进行反思性理论研究与实践探索。因此,该研究成果对当前我国现实具有一定的实际指导意义。

其次,本书将自然与文化结合起来,探讨两者之间的演进关系,有利于去除原有单一片面的认知。国内以往大多数的风景园林研究主要集中在人类精神世界中的文化方面,表现为传统园林中的诗词歌赋等美学情趣;而在最近几年受全球生态环境的影响,景观生态学在国内发展日益迅速。一些设计师则矫枉过正,将过去支撑着浓厚文化内涵的生态系统直接当做纯自然生态系统对待,彻底排除了人类以及由此导致的人类生态

维度,出现了一片片人类无法使用的绿化飞地。因此,本书探讨自然生态向人文生态演进是为建立一种全面的"自然—人文"观念,提供一种研究思路,具有一定的启发意义。

另外,我国当前的社会现实与西方当代社会语境具有相似性,借鉴西方国家风景园林的先进理念并将其本土化对我国当代风景园林理论与实践具有一定的借鉴意义。

1.4.3 研究过程中需要解决的问题

本书认为当前我国风景园林文化研究要解决的问题主要有以下几点:

1. 当前风景园林所面临的问题越来越多元而复杂,其自然与文化研究需从更宽广的视野中进行深入的探索。从整个历史发展脉络来看,传统社会下的自然生态向人文生态演进受技术的约束,是经过长时间的经验积累而形成的,低技术条件下自然流露的结果。随着社会的快速发展,人类活动的干预越来越明显,我们一方面提倡采用适宜技术,避免带来不可预测的灾难性后果;另一方面我们也需要拓宽视野,建立一套多学科交叉的研究框架体系,融合景观生态学、历史地理学、文化人类学、社会学、城市规划学、建筑学、美学等。

2. 风景园林文化研究应避免从历史符号中寻找文化元素。风景园林给中国文化和艺术的发展带来了巨大的影响,古代的诗词、绘画、楹联相当多的一部分都是描写关于中国传统园林的文学艺术形式,以至于有些人就直接将这些文学艺术等诸多审美风格套用在风景园林文化中,导致产生了大量的与当代社会现实完全脱离的历史文化符号的堆砌。然而我们可以从文化生成的最初自然环境出发,探索自然的人化的演进历程,从中揭示出风景园林文化的本质。

3. 以往许多非常新鲜的风景园林思潮,过几年之后很快就销声匿迹了,当代"新"的设计思潮往往很容易被"更新"的风格所取代。而本书关注的是一种对于风景园林内在演进机制的研究与理念解析,并在一个长期的历史进程中把握其规律,寻找到这些历史现象背后的本质内涵,有利于揭示其内在的思想理念的把握。而不是采用外在的形态表现特征的探讨,从而避免了以往有关单一的从风格流派的整理、借鉴等研究对历史进程中的独特个体进行片面的阐述。

1.5 研究的内容、方法和框架

1.5.1 研究的内容

本书主要针对当前风景园林所面临的自然环境的破坏以及地域文化身份缺失的社会现实,试图探索风景园林中自然生态向人文生态演进的机制与理念,并试图重新构建一个人与自然和谐的生态系统。

本研究的核心概念——"自然的人化",其内涵和外延随着理论研究的不断完善以及实践与应用的成功探索也在不断的调整与转换。然而在新的历史时期,随着文化、经济、社会等信息的不断更新,风景园林文化研究同样需要新的科学思维来适应当前社会的需求,具体表现为以下两个方面:在横向上进行多角度的整体性分析,将风景园林纳入周边区域与城市、自然生态系统和人文环境当中,在生态层面、物质空间层面和文化层面演变成为一个整体的人类生态系统。在纵向上把握历史演变的脉络,顺应并延续场地中所呈现出来的文化特征与形态,使其在当代社会价值体系中焕发出新的活力(图1.9)。本书从风景园林的本质内涵出发,重新给自己定位,挖掘风景园林文化产生和演进的根源,在人类普遍价值观系统下建立起我们自己的当代风景园林适应性理论。

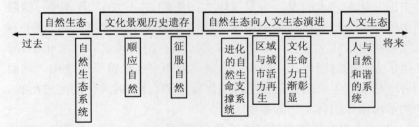

图 1.9 自然生态向人文生态演进脉络

1.5.2 研究的方法

本书以"自然的人化"作为研究的核心概念,从风景园林的概念性范畴探索风景园林中自然生态向人文生态演进的机制与理念。宏观分析与微观辨析相结合,理论研究与实例考察相结合(图1.10)。宏观分析有利于把握思想脉络的发展演变以及本书的整体性观点,而作为应用性学科,必须结合微观的实例分析和实际考察,基于真实案例的现象性分析和多角度探索,有利于更为清晰的展现相关事件和现象的特殊性与丰富性。当今社会的风景园林自然文化现象是过去历时性事件的共时性呈现。

本书从历时性的角度梳理自然生态向人文生态演进的渊源、发展及其变迁;同时又从共时性的角度探讨自然的人化在自然生态系统和城市发展中的发生机制,并利用文化发生学还原的方法解析自然生态向人文生态演进的理念。

与此同时,本书采用了以问题为导向的研究,即"提出问题—分析问题—解决问题"的研究方法。从我国风景园林的现实与生活本身出发,针对当前风景园林的种种困惑提出一些解决的办法,对一些现有的惯性思维进行反思,并尝试加以改进。

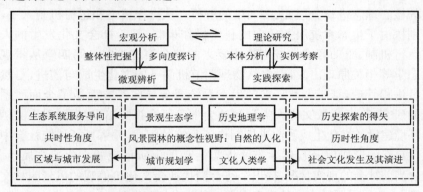

图 1.10　研究方法与视野

1.5.3　研究的框架

本书从其最根本的自然演进规律与文化发生原理出发,探讨在人们生存活动干预下所形成的理想自然物质形态以及地方文化价值系统的一种演进关系,结合当前城市发展及其社会背景,提出了自然生态向人文生态演进的风景园林理念。自然的人化作为一种科学操作策略和人文运作机制,在改善自然生态环境的同时,也重新构建了我们千百年来赖以生存的人文栖居环境。

本书从系统建构、历史探索、演进机制、理念解析等方面对自然生态向人文生态演进理念做了全面分析和系统研究。本书共分为五个部分:引论,研究的缘起、选题和既往研究概述(第 1 章);系统建构与历史探索(第 2、3 章);演进机制与理念解析(第 4、5、6 章);中国现实及其新探索

（第7章）；结语，结论与展望（第8章）。

引论部分主要阐述了本书研究的缘起、释题、相关观念的澄清、既往研究状况、研究内容、方法、目的和意义等。

系统建构与历史探索是本书研究的基础部分，分为两章，构建出本书的核心理念。首先从不同的视野和哲学背景下探讨自然生态向人文生态演进的理论体系，并详细论述了自然生态与人文生态之间的关系及其二者之间的演进机制；然后对人化自然作为文化景观历史遗存进行了较为系统的梳理，包括传统人类生存经验和现代风景园林文化探索；最后针对当代社会全球化语境与后现代性特征下的多元价值体系，阐述了当代自然生态向人文生态演进的理念转换。

演进机制与理念解析是本书研究的主体部分，分为三章，针对前文构建的核心理念进行分层面、多向度的解析。从操作策略和运行机制入手，分别探讨了生态系统服务导向的科学操作策略、基于社会文化发生的人文运行机制、驱动区域与城市整体复兴的综合演进策略。第四章从景观生态学等相关原理出发，对自然物理调节机制下的文化生成与演进，自然演替进程管理，基于人类需求的生态系统服务导向等方面做了全面而系统的研究；第五章从文化人类学和社会学等研究视野出发，通过对人类栖居环境建设的文化生成和演进机制作了系统的阐述，并解析了传统社会中人化自然的形成以及自然生态受人类活动干预所呈现的文化遗产属性。结合当前社会的现实状况，提出了符合当代社会文化价值观的风景园林文化理念，使风景园林中自然生态向着一种与自然和谐的人文生态系统演进。第六章从城市聚居学等相关理论出发，对区域与城市发展所面临的问题进行分析，将自然生态向人文生态演进理念融入城市发展与区域再生的框架系统，并探讨了融合区域与城市发展的自然生态向人文生态演进机制。

中国现实及其新探索是本书研究的实践探索部分，将该理念运用于我国当前的风景园林实践。从分析当前我国自然生态向人文生态演进的理论局限和实践困惑出发，对现有的风景园林文化实践进行了反思性探索。最后通过杭州西湖这一案例进行具体分析，阐述其近千年来"自然的人化"的过程，并持续地适应着时代的变迁而向前演进。这种历史文化的连贯性作为一种文化发生与演变的模式，促使西湖从自然生态向一种人文生态演进。杭州西湖文化的变迁为我国的风景园林文化探索提供了一种适应性模式。

结语部分对上述研究成果进行了总结，并对自然的人化进行了再思考。该成果对当前我国风景园林关于自然的干预与管理、文化的表达、区域与城市景观再生方面的理论研究与实践探索提供了一定的参考价值。最后展望并构建了一个人与自然和谐的人文生态图景。本书研究框架图如图 1.11 所示。

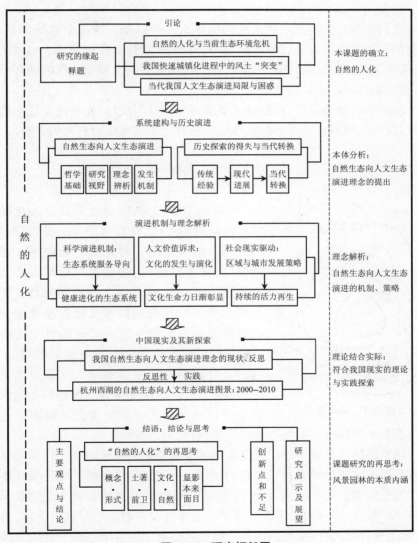

图 1.11 研究框架图

2 自然生态向人文生态演进的系统建构

我们如何介入自然取决于我们用什么样的眼光看待这个自然世界；而我们看待自然的方式和眼光则取决于我们应用什么样的理论。也就是说，人类活动、人类的认知和自然规律三者构成了一个相互支撑的循环系统，相辅相成，缺一不可。

麦克哈格曾经说过，所有的系统都渴望生存与成功，要想使系统运转良好，改善人类对自然世界的认知模式或许是最为直接而有效的方法。

2.1 自然生态向人文生态演进的哲学基础

图 2.1 风水模式

从中国传统文化的观点来看，"人化的自然与自然的人化"在哲学意义上其实就是对人与自然关系的一种认知。而中国人强调的"人文的自然"指的就是自然与人文其本质上是相通的，这种人与自然同构合一的思想对于中国传统的风水文化以及环境营造有着深刻的影响。风水文化的哲学逻辑是在中国的思辨哲学之上发展起来的，其中包含有朴素的有机整体观和人文的自然观思想(图 2.1)。这种人类内心深处和文化深处关于自然演化的一种知觉思维逐渐发展成一套基于中国哲学的复杂解释体系(俞孔坚，1998)。

风景园林中自然生态向人文生态演进理念是将自然物质属性的物体放入整个人文历史的大背景下探讨的一种新思路，它联系了风景园林中被认为是隔离的两个层面(自然因素和文化因素)。中国传统文化背景中的"自然"概念，不仅包括了西方强调自然本性存在的山川、河流、花草、鸟兽、聚落等万物，更深层次的内涵应该是先秦道家的哲学范畴下的人文的自然。例如：《老子》第二十五章中"人法地，地法天，天法道，道法自然"就是将"自然"与"人为"融合为一体。无论是儒家、道家还是诸子百家，中国传统哲学思想都普遍认为，人作为自然中的一部分要顺应和效法自然之道，达到你中有我，我中有你，正所谓"无为而无不为"。庄子则进一步反对"人的异化"，提出"天地与我并生，万物与我为一"。人应当复归自然，倚自然赋予人的本性生存，人的意义和价值在于任情适性，不刻意地追求实现什么却能获得自我身心的绝对自由与无限①。

中国传统园林是自然与文化的高度融合，它源于生活，而高于生活。"源与生活"指的是世俗化的日常生活体验，体现了一种实用性的朴素的自然观；而"高于生活"则是关于自然的文化认知，这种自然的人化也就是寻求合乎自然之道的理想栖居模式，并追求一种人与自然达到完美和谐的最高艺术理想（图2.2）。由此可以看出，中国哲学的解释体系虽然来源于早期人类对自然的一种文化认知模式，但发展到后来成为一个包含人、自然、天地等万事万物的大系统。

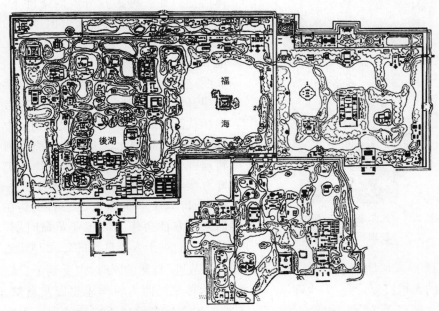

图2.2 圆明园表现出一种围护、屏蔽的院套院模式②

---

① 徐宏.论中国古典园林的核心意义[博士论文].南京：东南大学，2007：96-98
② 中国城市空间是一种典型的边界原型。参考：朱文一.空间·符号·城市——一种城市设计理论(第二版)[M].北京：中国建筑工业出版社，2010

与此同时,西方文明在人类社会的早期与中国一样都将大自然赋予神的力量,对于"Nature"一词的原始含义和"Culture"的认识内涵上同样存在某种共通性,它通常被解释为某一事物或行为的合二为一或本源(Source),他们认为每一个现实的自然场所都有着自己的神。与近代社会将自然作为人类利用的工具和资源不同的是,先民们在自然的生态经验方面也表现出一定的文化适应性,并把人自身的所有活动都看做是自然显现的一部分并以追求对自然本性的符合为最高目的。因此,西方早期人化自然的理想状态与当时的自然主义哲学、人与自然原始统一是一致的。

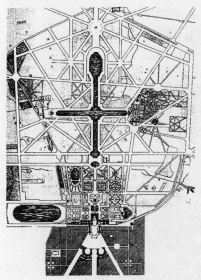

图 2.3　凡尔赛宫苑,视控点的占据表现出一种"帝国本性"

而从现代哲学的眼光看,西方哲学传统将人与自然看成一种外在的关系,人独立于自然之外,主体(人)与客体(自然)在一种潜在分离的条件下,以种种关系(认识、实践、价值、审美、宗教等)来加以连接①。大约在公元前800年,西方社会受到地中海希腊文明这种强大控制力的影响,其哲学思想开始主张征服自然,并试图与自然相抗衡以展现出人类伟大的创造力和永恒的思想理念。杰弗瑞·杰里柯将这种思想描述为一种"有序性与旷野自然之间的对比式的和谐,也即一种'帝国本性'"②(图2.3)。特别是在后来西方社会伟大的工业革命时期,使得人们对于人与自然的二元对立达到了一个历史的顶峰。近年来,人类在"战胜"自然的同时,也受到了自然的无情报复,西方人也逐渐开始意识到,传统的西方哲学思想以及自然、文化观念必将发生深刻的变革,人类要想在这个地球上持续的生存下去就必须要与自然和谐相处。

　　① 刘方.中国美学的基本精神及其现代意义[M].成都:巴蜀书社,2005
　　② Geoffery and Susan Jellicoe 著;刘滨谊译.图解人类景观——环境塑造史论[M].上海:同济大学出版社,2006

从某种意义上说,当前我们倡导的所谓遵循自然的文化理念与早期人类被动的适应自然的生存经验,其本质内涵上都是一样的,其目的都是要创造理想的生存环境,并且能够进行持续的繁衍生息。除此之外,马克思也从哲学层面提出了"自然的人化"的概念,认为自然在实践的过程中逐渐演化为属人的存在。人在改造环境的同时,环境同样也在塑造人,文化的生成与演进有着深刻的自然物质形态的支撑,而这种文化价值观的理念又反过来指导着我们日常的生活与体验,并最终发展成为一种哲学的世界观和方法论。

2.2 自然生态向人文生态演进的多重研究视野

风景园林作为一种复杂的"自然—文化"生态系统相互作用的综合体,不能被局限于单一的功能主义、物质空间形态或生态系统理论来探讨,而是要将其纳入一个更为广阔的多维度视野中研究其发展与演变。随着人类介入自然、干预自然的能力越来越强,被人类所改变的自然生态系统早已达到了全球自然生态尺度。人类与自然之间存在着深层的演化关系,这就需要我们从多重视角进行全面分析当前自然生态、文化、社会、城市等所处状态中的困境,并试图构建出一种地理环境、生物、人类共同持续发展的文化演进理念。

2.2.1 自然演替进程的生态学视野

风景园林作为综合的概念是一个复合的生态系统,它是地球表层自然的、生物的和人类的因素相互作用形成的复合生态系统。该生态系统不是生物和环境以及生物和各种群之间长期相互作用形成的统一整体,主要研究生产者、消费者和环境三者之间的相互关系。而基于景观生态系统的自然文化演进则是研究地表各自要素之间以及与人类之间相互作用、相互制约所构成的统一整体,包括:自然要素、社会经济要素相互作用、相互联系以及大气、岩石、水体、植物、动物和人类之间的物质迁移和能量转换,以及土地的优化利用和保护等①。这些自然区域都可根据其组成要素的结构、功能及分布特点划分出斑块、廊道和基质。基于景观生态的自然文化演进机制必须系统的考虑场地及其周边区域的自然运转情

① 肖笃宁.景观生态学(第二版)[M].北京:科学出版社,2010

况,将其纳入众多斑块、廊道、基质组成的复杂系统,并对这些空间单元结构、功能、形态、分布等情况做出科学合理的评价。

传统生态学的观点认为,自然生态系统是生态等级体系中的最高组织水平,它居于生命有机体、种群、群落之上,这种观点将人类作为自然生态系统的外部因素来对待。而近些年来,景观生态学的发展使得自然生态演替进程更多地考虑了人类的需求,人们对自然演替过程的管理也使自然演替的进程逐步向着一种文化生态的方向演进。因此,基于生态系统服务导向的自然演替进程管理正是当前景观生态学研究所关注的焦点之一。作为一项极为复杂的研究,自然演替进程的管理不仅仅取决于生态系统的自然特征,也取决于社会经济条件,其生态功能和景观各要素之间的不可分割性和相互依赖性需要我们对此开展多学科、多领域的交流与合作。

2.2.2 自然人文演进的文化人类学视野

文化人类学是研究人类文化的起源和演进过程,通过分析不同地域的社会文化现象,理解各个历史时期人们的日常生活和文化世界。美国学者乔治·马克思(George Marcus)认为,人类学者不仅要拯救那些独特的文化与生活方式,使之幸免于激烈的全球化的侵蚀,还要通过描写异文化来反省自己的文化模式。基于文

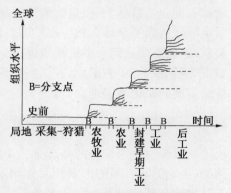

图 2.4 人类社会的历史演进

化人类学的视野来理解风景园林中自然、文化生态系统演进,能够深入地挖掘风景园林的文化意义,并揭示其本质。

文化生态系统演进与自然生态系统、物质系统演化一样都是在一般的系统理论下从混沌到有序,从低级到高级,并且物质系统、生命系统和文化系统逐渐走向整体统一。Laszlo 将这种基于系统论下的包含宇宙、地理、生物和文化等一切可能因素协同演化称之为整体演进。它是一个不连续的发展进程,在文化演进过程中,人类社会经历了从原始社会石器时代的食物采摘、搜集到狩猎,再到越来越先进的农业和工业时期、后工

业时期,最终在信息化时代到达顶峰(图 2.4)①。因此,基于文化人类学视野下的自然生态向人文生态演进有助于把握自然文化发展与演进的本质内涵,文化演进历程基本就是一部人类社会发展的历史写照。

因此,从文化人类学视野中探讨风景园林的文化内涵以及人们的日常生活体验,具有非常重要的现实意义。风景园林在人类社会中的角色进行重新定位有利于将自然生态环境与人类文化的发展紧密联系起来,这种人、自然与社会之间的互动促使风景园林中自然的物质形态转向一种人文的自然理念。

2.3 自然生态与人文生态关系的建构

2.3.1 自然生态的人文拓展

风景园林中自然生态向人文生态演进的理念是在处理人类系统和自然系统这两者之间的关系而提出来的。人不是孤立存在的自然人,而是社会系统中的人,体现了丰富的文化内涵。在这个文化生态与支撑整个社会运转的自然物质系统中,和谐与矛盾共生,并向着一种"人文的自然"持续地演进。

2.3.1.1 自然生态层面

自然物质形态是风景园林文化体系的表层景象,它是指人们可以直观感知的自然存在和人工物质环境,例如山川、草木、鱼鸟、河湖、聚落等物质形态的客观世界。对于自然物质层面的理解,不同文化背景下有着截然不同的论述。在以儒道两家思想互补为主流的中国传统文化中,"自然"蕴含了三层意义②:一为"天地自然",指的是自然物质世界中的各依其自然本性而存在的天地、山川、鸟兽、草木等万物,这与西方文化中的Nature 意义相近;二为"自然而然",是指世界万有的自然存在即完善的存在,一切听任自然,反对改变自然本性的人为强制,与 Natural 相近;三为"人文的自然",与 Humanized Nature 相近,这一层意义在中西文化交流方面则表现得大相径庭。中国传统文化赞美大自然生生不息的无限生

---

① Zev Naveh 著;李秀珍等译. 景观与恢复生态学——跨学科的挑战[M]. 北京:高等教育出版社,2010

② 徐宏. 论中国古典园林的核心意义[博士论文]. 南京:东南大学,2007:96-98

机以及它在时间和空间上的永恒宏阔,并一直坚信并宣扬日月星辰、山岳大川、风云雷电、雨雪冰霜等自然物和自然现象背后都有神灵存在。传统文化倡导一种顺应自然的同时剔除其中的不宜人因素。这与西方科学精神中的"征服"和宗教意识的崇拜不同,他们所强调的是"自然"与"人为"二元对立。西方社会心目中的蛮荒自然更多的是被视为一种客观实体,而人类理所应当地高于自然,完全能够认识、改造并且征服自然。这种对立随着近代文化交流的日益频繁,也同样走向了一定的融合,整个自然物质世界和人类文化社会都将走向一种和谐统一。

2.3.1.2 人文生态层面

广义的文化是人类社会活动所创造出的物质文明和精神文明的总和。而风景园林文化作为自然与人类智慧的有形结合点,是人类对所处环境不断适应、改造的积淀。社会学家、人类学家、地理学家、哲学家对此都有着各自的界定与描述,但总体上来说基本都可以归纳为:"文化是社会传播的行为模式、宗教、制度、艺术、信仰和其他一切人类智慧、劳作的产物,是一定区域范围内群体特征的总和。"[①]其本质上是人类区别于其他动物"符号化"思维能力的结果。我们说一种具有自然属性的物品,如果和人类的创造性劳动联系在一起,也就演变成为一种具有文化属性的物品。比如石头只是一种具有自然属性的物体,原本并不具备文化的特征,但经过人们的创造性劳动之后,变成了一座假山或雕塑,其文化属性逐渐超越了其自然属性,我们将这座假山或雕塑视为一件具有文化价值的艺术品,而不是"岩石+雕刻技法"。这就是为什么与绘画、书法、篆刻、饮酒、喝茶、吃饭有关的"书画、刻印文化"、"酒文化"、"茶文化"、"美食文化"等文化概念也能够成立,并为社会大众广泛接受的缘故[②]。

中国传统文化背景下的艺术形态,通常都是以一种超脱于物质形态的精神理想世界来表达人的内心对自然的一种感知。古代文人艺术家对大自然的切实感受与体验构成了古代绘画艺术的主要灵感来源。与西方写实主义绘画强调逼真的画面形式不同,中国绘画艺术描述的是一种人文的自然观,一种文化境界(图2.5):"近景处,四周禾苗葱郁,竹柳青青,几个老翁酒酣归来,手舞足蹈,且歌且行,滑稽的举止惹得妇人幼童驻足回顾。远景处,山石陡峭突兀,如刀削斧砍一般,天边朝霞一抹,山谷里松

---

① 1981年出版的《美国遗产词典》中对文化的归纳与界定。

② 程文锦.发现西湖——论西湖的世界遗产价值[M].杭州:浙江古籍出版社,2007:26-27

柏茂密,楼阁隐现。"

　　古代人们这种人格心灵的外化使原本自然属性的物质世界转换成了具有厚重文化属性的精神世界。从这个意义上说,人类干预过的所有地质地貌、河湖水系、动植物生命等自然景观都可成为风景园林文化的一部分,而且其文化内涵更具风景园林的本来面目。

　　人们对自然物质形态层面的景观不断进行着有意识的加工、整理、改造,使得众多的名山大川成为文化遗产(图 2.6)。这些自然景观在不同时期受到不同地区人们的持续关注,它以山川、草木、鱼鸟、河湖、聚落等物质世界为依托,在一种特定的意识形态下创造出具有鲜明地方文化特征的自然、文化生态系统,并长期地影响着人们的日常生活、文化价值观念以及其他的活动行为。在这种人为介入的自然生态演进中,不断变迁着的文化形态逐步取代了原有自然景观的物理演变和生物进化过程。自然物质形态的景象受到人们有意识的活动的干预,其自然属性逐渐转化成一种文化属性的人文范畴,形成了一种广义上的文化概念,也即"人文的自然"。它是当时人们日常生活景象的最直观、最生动、最形象的呈现。

图 2.5　风景画(南宋马远　　　　图 2.6　乐山大佛
　　　　《踏歌图轴》)

2.3.1.3　自然生态向人文生态演进

　　在人类出现以前,单纯的自然景象是不可能具有其文化属性的,而自从人类开始生存活动并谋求发展以后,自然在认识论层次上则具有了其新的含义。这种物质形态的自然逐渐就构筑成一个支撑文化形态的物质实体,是人类日常生活和生存体验的基础,同时又是指向一种社会认知的景观形态。

　　传统农业社会下人类有意识的劳作与生存经验就是将具有物质形态的自然景观演化成了具有社会属性的文化景观,并同时具有自然、文化双重属性。这种传统的以人类生产、生活实用性为前提的自然生态向人文生态演进理念将第一自然转化成了第二自然。然而,在古代社会文明发展到一定的程度之后,一些风景园林便逐渐脱离其实用性的价值体系,而转向一种理想精神的追求——审美体验,成为一种美学的自然,也可称为第三自然,这同样是一种自然的人化的过程。与之前不同的是,这次不仅仅实现了自然生态向人文生态演进的理念,而且也促使着其文化认知和体验向着另外一个层次演进,这是在社会发展的推动下普遍的历史进程。在这个阶段,中西方国家在自然景观中所表现出来的文化形态虽然有所不同,但这些存在地域性差异的人文的自然,其本质内涵都是一样的,都是基于不同历史时期和地理条件下的人类生产、生活体验所感知出来的理想状态。然而,自从工业化之后,原有多样化的自然生命支持系统的生态稳定性以及文化演进过程被现代化技术手段打破,在这自然文化面临严重退化的情况下,出现了一种新的人类文化认知模式,即第四自然。这种新的文化认知模式将有助于扭转当前自然生态环境的恶化和地域文化价值的缺失,并试图在"自然—文化—技术"之间取得一定的平衡,使其向着可持续的自然文化演进方面前进。在这个过程中,人类技术的进步被有选择性地应用于自然文化景观,并驱动它向一种理想的人文生态演进(图 2.7)。同时,后现代文化的发展和信息化技术的迅速革新也为未来社会文化的

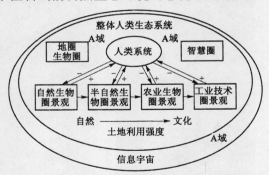

图 2.7　整体人类生态系统等级模型以及自然、人类、景观和文化的进化及其历史关系

持续演进提供了良好的条件,它也许可以被看成是人类文明继农业和工业革命之后掀起的第三次全球化浪潮,将在人类和自然之间建立一种新

型的后工业化时代的合作关系（Naveh & Lieberman,1994）。这正如美国文化人类学家斯图尔德提出的,人类在适应不同的自然环境时,社会文化系统也呈现出多样性,生态环境的差异直接造就了不同的文化形态和发展线索①。

从第一自然、第二自然、第三自然过渡到最近几十年才兴起的第四自然这样一个发展历程来看,人类社会的发展演变直接或间接地影响着风景园林中自然与文化之间的关系。今天,我们从传统文化和现代城市文化来理解自然、乡村、城市的经验,并寻找其文化价值观的差异性,以此来寻找解决当前风景园林发展问题的方法。同时,在这不同时期的两种文化价值观下,又将孕育出一种新的文化理念。因此,自然生态向人文生态演进并不是我们想象中的那样到了一定的程度就会停止,当自然被人类有意识的活动进行"人化"了之后,它并没有停止演化,而是继续跃迁到一个新的层次。也就是说,自然生态向人文生态演进的同时,人文生态本身也随着社会进化而在不断地演进,它包括人类对自然生态、空间的认知、生活体验以及改造等。

2.3.2 自然生态向人文生态演进的等级层次体系

风景园林作为一个多尺度、多学科融合的领域,其自然生态向人文生态演进也同样存在着一定的等级层次体系。作为混合的自然文化交互系统的自然生态向人文生态演进过程,涉及场地中所有有机体(包括人类)及其种群、群落和生态系统的生境和基质,这些尺度、功能和空间范围必须要以它们自己的规则来进行研究和管理。它们的范围可从作为最小绘图单元的生态区延伸到作为最大的全球整体人类生态系统的文化生态圈。有时候在大尺度下的宏观文化生态系统演进在某个单一局部则表现不是很明显;反之,较小尺度场地中的自然生态向人文生态演进在大尺度范围来看同样变化甚微。在这里我们可以借鉴 C. A. Dexiadis 社区的等级层次体系理论②(图 2.8),自然生态向文化生态演进也可以根据研究者的研究范围和尺度而变化,文化生态系统的演进是场地或区域内社会、文化、经济、自然地理、气候等多种因素综合作用的结果。

---

① 夏建中.文化人类学理论学派——文化研究的历史[M].北京:中国人民大学出版社,1997

② 吴良镛.人居环境科学导论[M].北京:中国建筑工业出版社,2001

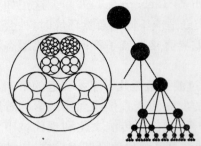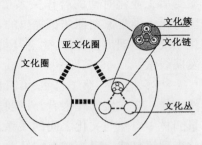

图 2.8　C. A. Dexiadis 社区的等级层次体系　　图 2.9　自然物质形态的地理层级划分

　　根据生态学的等级理论,每一个较高等级水平的系统包含了多个较低等级层次的系统。无论是自然生命系统还是文化社会系统,它们都不可能出现绝对意义上的部分和整体。随着自然文化演进的复杂性日益增加,其处于中间结构的等级层次既是其低等级层次系统的整体,同时也是构成其更高等级层次系统的组成部分。正如德国格雷布和奥地利施密特提出文化圈的概念一样,它是一个多样统一的生机勃勃的文化有机体,内部分布着一些彼此相关的亚系统和文化群丛(图 2.9)。在任何自然系统和文化系统的等级组织中,每一个更高等级层次的系统都获得了新的特征,因而比其较低等级层次的亚系统更为复杂。

2.3.2.1　整体人类生态系统尺度

　　整体人类生态系统是一种最高的等级层次体系,由人类改造和管理的文化半自然景观和农业景观,再加上那些直接或间接地受到人类影响而急剧减少的自然和近自然景观,它们的演化历程几乎完全取决于人类有意识的干预活动。因此,人类及其文化社会是建立在自然生态系统观念基础之上的。根据早期倡导整体性的著名生态学家 Frank Egler 的观点,我们将这个最高等级层次体系称为整体人类生态系统(Naveh,1982;Naveh and Lieberman,1994),人类及其环境整体被认为是地球上最高等级的协调进化的自然文化实体[①]。

2.3.2.2　区域景观文化生态圈尺度

　　区域景观生态尺度是位于多个生态系统之上的自然文化生态系统。它是某一特定的社会群体所共有的一种特有的自然文化价值体系、思维

---

① Zev Naveh 著;李秀珍等译. 景观与恢复生态学——跨学科的挑战[M]. 北京:高等教育出版社,2010

模式和生活方式。类似于"文化圈"的理论,它不是一个单一的文化体,而是一个多元统一的综合概念。这样一个区域自然尺度下的文化形成是宏观自然的人化的结果,是一种具有独特区域特色的自然生态向人文生态演进的过程,它在不同的气候带、流域生态系统等自然环境条件下表现出的具有地域属性的整体物候特征,例如:珠江三角洲地区的基塘系统、太湖流域的农业生态系统、云南的梯田系统等,它们都是在局部地区的自然生态环境影响下的人类有意识活动的结果。

这些景观文化生态圈的形成,是当地社会、经济、政治、文化以及自然地理、气候等诸多因素作用下的综合作用的结果,它是一种典型的区域尺度等级层次体系下的自然生态向人文生态演进的文化表现,它具有持久而旺盛的生命力。

2.3.2.3 城市景观文化生态丛尺度

城市景观生态尺度是指与城市和地区的发展息息相关的景观等级或范围。例如:杭州西湖是在古代大型聚落发展而来的城市景观生态尺度下的自然生态向人文生态演进的结果。西湖作为人化自然经过千百年来的发展,其文化属性已远远超越了其自然属性,自然生态在城市等级层次下向文化生态演进,一方面自然生态系统得到很好的保护,西湖也随着时间的推移形成了其独特的文化内涵,同时也促进了周边区域特别是杭州市的发展。

2.3.2.4 场地景观文化生态区尺度

场地景观生态区尺度一般指单一场所或空间单元所具有的独特文化特征。生态区主要被欧洲景观生态学家采用的一个较为严格定义的概念,与我们通常理解的"斑块"不同,它被认为是某生态系统的真实立地(Leser,1991;Zonneveld,1995)。例如:小尺度废弃地景观。

2.3.3 自然生态和人文生态之间的关联与互动

自然生态向人文生态演进起源于人类有意识地把自己与动物相区分的努力,只有对文化的创造、传承与追求才能将自己从自然的物种形态脱离出来,提升为社会的主体。挪威著名建筑理论家诺伯格·舒尔茨(Christian Norberg-Schultz)在《西方建筑中的意义》(*Meaning in Western Architecture*)中指出[1],建筑不仅是满足人类实际需求的物质,

---

① [挪]克里斯蒂安·诺伯格·舒尔茨著;李路珂,欧阳恬之译.西方建筑的意义[M].北京:中国建筑工业出版社,2005

同时也是一种文化活动。它具有比人类实际的物质需要和经济建造更大的作用,并把这种人的存在含义通过自然物质的构成转变为各种时空场所和文化形态。

柏拉图及其先验哲学和笛卡尔以坐标系为平台的空间定位系统逐渐受到批判,他们所倡导的客观抽象的绝对空间具有其物质局限性,并无法感知自然物质形态的文化内涵。和笛卡尔不同,胡塞尔和梅洛·庞蒂(Maurice Merleau-Ponty)的现象学方法和海德格尔的存在主义哲学为自然生态向人文生态演进理念提供了坚实的哲学基础。它揭示了人们的存在和自然环境之间的根本联系,是一种通过我们的身体去行动、感知和存在的生活体验。

马丁·海德格尔(Martin Heidegger)的栖居思想告诉我们①:"此在的栖居(Dwelling)是人的心灵安定之根本,其本源意义可追溯到 bin(存在),而场地则是将人的体验与特定地点之间的内在关系、引导并外化出来的一种自然环境。"也就是他所强调的天、地、人、神四位一体的安居。而胡塞尔的现象学也越来越受到人们的重视,他主张"回到事物(实)本身"(To the things themselves),抛开抽象先验的理论模式,直接体验。风景园林中自然生态向人文生态演进的过程可以理解为人类所经历的日常生活世界的一部分,它是未经先验科学和哲学思想而完全来自于单个个体生存经验的集体展现。自然与文化生态系统的演进过程不仅仅是意义的载体,同时也是意义的发生体。这就是为什么说历史中的文化景观是在人们使用的过程中体现其文化属性。从人文景观中去体验和参与具有瞬时变化的特征,这种体验和参与是最真实的、最原真的文化。因此,自然生态和人文生态之间存在着某种关联性与互动性,其自然形态一方面启发人的感知,并形成一定的文化价值观,而社会文化价值观的演变又反过来指导着人们采取不同的介入自然的方式。

2.3.4 基于复杂系统论的自然生态向人文生态演进

系统是由若干相互作用和相互依赖的组成部分结合而成的具有特定功能的有机整体。我们可以从以下五个层面来理解系统②:(1)系统内部

---

① [德]马丁·海德格尔(Martin Heidegger)著;郜元宝译. 人,诗意地安居:海德格尔语要[M].上海:上海远东出版社,2004

② 成思危.试论科学的融合[J].光明日报,1998(04):26

各个部分之间的联系广泛而紧密,并构成一个网络,而其中某一局部的变化都与其他组分之间相互关联,并引起整个系统发生转变。(2)系统具有多等级、多功能的组成形式,每一等级均成为构筑其上一等级的组分,这种等级层次的划分也能有助于系统的多重功能的实现。(3)在系统的演变过程中,能够不断地吸收并对其内部等级结构和功能结构进行重新组合以及完善。(4)系统是一个开放的体系,它与周边的环境有着极为密切的互动关联性,它们之间的相互作用促使其向良好的环境适应性方向演进。(5)系统本身具备一种动态的发展演变框架,持续的处于发展变化之中,并对未来有一定预测能力。

基于系统论的视角来理解自然生态与人文生态之间的复杂关系,能够避免以往仅仅关注物质形态的惯常性思维——只要将自然物质形态的景象加入一些历史文化元素符号就可以了。20世纪60年代,系统哲学为当地风景园林的发展提供了一种新的视野,特别是在扭转工业革命时期的自然、文化二元论的观点起到了重要的作用。

文化景观的历史告诉我们,正是有了人类活动的干预,才呈现多姿多彩的景观。风景园林中的自然生态向人文生态演进是自然与文化两者相互作用而形成的一种动态关系。如果这个过程中某种局部力量(自然环境条件或社会文化背景)发生了改变,其整个系统也将面临演化,整体系统并不意味着就一定占用着绝对的中性支配地位,它是一个相互接受和反馈的过程。自然系统和人类系统就是这样一个作用和反作用的综合体,这两个系统之间功能的交叠与复合形成了具有丰富多样性的文化景观。

“复杂范式”的创立者埃德加·莫兰(Edgar Morin)认为,事物的整体性只是一个方面,而复杂性是普遍存在的,我们难以对生活中具体的现实对象做出简单的概括,它们都是极为复杂的系统(图2.10)。特别是史蒂芬·霍金的《时间简史》在当时引起了轰动,众多学者开始转向复杂性科学。该理论被查尔斯·詹克斯(Charles Jencks)看做解释当代社会现象的最佳依据,大家普遍觉得这种相对复杂,且更容易看懂的形式或图像具有一种特殊的魅力,因为它们神奇而美丽(图2.11)①。

---

① Charles Jencks. The Architecture of the Jumping Universe [M]. Lanham: National Book Network. Inc, 1996

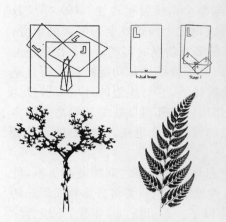

图 2.10　自然界普遍存在的复杂性　　图 2.11　芒德勃罗(Benoit B. Mandelbrot, 1924)的分形几何学

　　风景园林作为一个开放的复杂巨系统,其自然生态向人文生态演进是场地或区域内社会、文化、经济、自然地理、气候等多种因素综合作用的结果。我们面临的种种问题只能是在当前所处的状态下寻求其解决的方法,历史上某个阶段出现的问题的解答是不可能一劳永逸的,其自然环境、社会背景的不同将导致这个复杂系统的各种基本要素发生改变,其相互作用的方式也就会出现明显差异。因此,我们需要对其具体的现实问题进行分析观察,以作出新的调整。这并不是要否认过去,而是要强调复杂系统的开放性和即时性,每一次人与自然的互动、演进都伴随着新的要素不断加入,其内部结构的平衡都会被打破与重建,并越来越趋向于一种复杂的平衡①。

　　与此同时,亚历山大(C. Alexander)在他的《城市并非树形》一书中就指出②,那些由设计师和规划师精心创建的城市呈现出一种明显的树形结构,现代主义之所以会不成功,是因为其内在结构缺乏自然系统的复杂性和开放性。此外,亚历山大将那些经历了漫长岁月自然生长起来的城市称为"自然城市",它是以一种复杂的半网络形式组成的非理性状态。

---

① 董璁. 景观形式的生成与系统[博士论文]. 北京:北京林业大学,2001
② [美]克里斯托弗·亚历山大(Christopher Alexander)著;严小婴译. 城市并非树型[J].建筑师,1986(24)

亚历山大在这里其实并不是要赞美自然系统的完美无缺,而是要强调这种自然状态下的非线性的复杂系统的重要性。这正是为什么那些试图在组织形态上模仿自然城市的形态布局而走向失败的原因,因为形态并不是关键,而开放的复杂性系统才是其本质所在。

2.4 自然生态向人文生态演进的机制

回溯历史文化景观的发展与演变历程,基本上就是一个人类认识自然、改造自然、形成人类社会并向前演进的过程。人类在面对形态各异的自然地理、生物气候等自然生态系统的制约,就没有停止过与之抗争并试图改造之,使其成为更适合人类生存的场所,这种场所在发展到了一定的阶段便产生了城市。因此,人类在漫长的繁衍生息的过程中,最开始在自然中利用自然地形、水文、植被等自然物质形态寻求庇护、食物等生态适应性生存经验发展成为了一种择地营居的栖居、生产等社会文化活动,最后由这种小型聚落发展成为一种大型的或超大型的城市。这三个阶段都是在人类发展到一定阶段后才出现的,同时,它们也反映了自然生态向人文生态演进的三个不同层面。基于人类需求的生态系统服务导向反映的是人类对自然系统的认知与利用层面;而社会文化发生与演进则是对人类生存经验的深刻理解与转换,它反映的是一种文化价值观层面;融合区域与城市发展则反映的是将其视为一种寻求社会发展的途径或新角色。

人类从寻求庇荫、栖居到农耕、渔猎、防洪蓄涝、营造微气候、补充地下水、浚治水体,再到保护动植物栖息地、废弃地更新、生态恢复、绿色基础设施建设等一系列演进策略、机制与方法,是在社会、经济、技术、文化、生态等多种因素的综合作用下发生的。因此,自然生态环境的演化、文化的变迁与人类社会的发展一直在促使着自然生态向人文生态演进,并形成和积累了一系列的发生机制。

2.4.1 生态系统服务导向机制

支撑社会文化形态的物质环境不仅是自然生态系统发挥其功能的基础,更是人文环境持续保持活力的根本保障,它包括:地形地貌、气候、土壤、水文、动植物等。而关于自然系统的调节机制、运行原理在很大程度上取决于人类对自然进程的认知与管理,例如:自然生态系统进化、原始荒野的文化认知与保护、土地资源保护与开发、生物多样性的保护、城市生态系统的持续发展等。

表 2.1　基于人类需求的生态系统服务分类

人类需求	生态系统服务		
物质需求（物质产品生产服务）	生活资料	物质产品：生产供给粮食、果品、木材、薪柴等生活资料	
	生产资料	生产服务：生产供给橡胶、纤维、树脂、颜料等生产资料	
安全需求（生态安全保障服务）	大气安全	气候调节：生态系统在局地尺度影响气温和降水，在全球尺度吸收或排放温室气体，调节气候，提供了适宜人类生存的气候环境	
		大气调节：生态系统向大气环境中释放或吸收化学物质，提供清洁的空气	
	水安全	水文调节：生态系统截留、吸收和贮存降水，调节径流，降低了洪灾、旱灾	
		水质净化：生态系统滤除、分解降水中的化学物质，提供了洁净的水资源	
	土壤安全	土壤保持：生态系统固持土壤、减缓侵蚀，避免了土地废弃和泥沙滞留淤积	
		土壤培育：生态系统截留、分解有机物，提供了肥沃的土地资源	
	生物安全	物种保护：生态系统提供生物栖息的生活环境，保存了生物多样性	
精神需求（文化承载服务）	美学景观	景观游憩：提供了生态系统有关的美学和消遣的机会	
	文化艺术	精神历史：寄托生态系统有关的精神与文化，比如灵感、宗教、故土情结	
	知识意识	科研教育：提供观测、研究和认识生态系统的机会，并作为科研教育对象	

　　风景园林中自然生态向人文生态演进首先要理顺其生态系统内各种要素之间的关系，推动和调节风景园林内部各自然和人工要素发挥其应有价值。全面提升和改善自然服务（Nature's services）和生态系统服务

(Ecosystem services)应该成为风景园林中自然生态向人文生态演进的前提。它包括:雨洪调蓄、地下水的补充、盐碱地的改善等调节功能;动植物栖息地、维护生物多样性、维持自然演进的生物群落等生命支持服务;食物、水、能源的生产性服务;人们的审美和启智、教育的文化服务。这种基于人类需求的生态系统服务导向机制[①](表 2.1)在利用科学理性的方法进行综合分析的基础之上研究景观动态演替、相互作用和自我更新,为当前解决全球生态环境危机、环境伦理和文化价值观提供了一条新思路[②]。

一般来说,景观生态系统组成要素可以按 ABC(abiotic, biotic, culture)划分:A 指非生物要素,包括自然条件,例如气候、水文、地质、地貌、土壤,自然资源,例如太阳辐射、水、土地、岩矿;B 指自然植物和动物,如林地、草地、动物及其栖息地;C 指文化资源要素,主要指人类本身及其活动产物[③](图 2.12)。

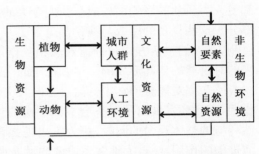

图 2.12 景观生态系统 ABC 组成要素

2.4.2 社会文化发生与演进机制

人类在自然生态向人文生态演进过程中,为了满足某种需要而利用自然物质,在自然形态的景观之上叠加人类活动,因此具有了文化属性,并演进成为一种具有文化属性的景观。这也是人类漫长历史文化发生于演进的最原初的机制。因此,自然生态向人文生态持续演进的动力机制除了需要自然物质形态的支撑系统,还必须依靠人类社会创造能力的支持程度,也即人类对环境的文化感知、辨识、交流、传播并指导人类实践的能力。

风景园林中社会文化属性的发生是人们按照自己理想环境中共有的

① 张彪,谢高地,肖玉,伦飞. 基于人类需求的生态系统服务分类[J]. 中国人口·资源环境,2010(06):64 - 67

② 俞孔坚等. 生态系统服务导向的城市废弃地修复设计——以天津桥园为例[J]. 现代城市研究,2009(07):18 - 22

③ 苏伟忠,杨英宝. 基于景观生态学的城市空间结构研究[M]. 北京:科学出版社,2007:80

模式或价值观念而改造形成的。拉普卜特在《文化特性与建筑设计》一书中指出①："文化景观是无法被人们直接'设计'或'创造'出来的,而只能是在一个漫长的历史岁月里,集体无意识地生活体验和无数干预自然的决策而累积起来的文化产物。"这种通过个体体验所积累起来的人文的自然才具有文化遗产的属性,并具有强烈的可识别性和地域文化特征。

我们今天风景园林学科的理论研究与实践探索其本质上指的是在不同尺度下的具有自然地理实体和文化风土区域的双重载体的景观形态,如:流域、农田、荒地、聚落、城市等。它们在发展演变的过程中或多或少都受人类活动的影响而构成了我们今天的人类文化生态系统的重要组成部分。这些景观的形成与演化都蕴含了一种自然生态向人文生态演进的机制,是人们生活方式和价值观念相互作用的结果。人类历史上积累起来的对自然的认知形成的一整套稳定的观念意识以及日常生活过程中的内心感知都对风景园林中自然生态向人文生态演进具有非常重要的指导作用,而且还发展出了一整套更深层次的哲学理论体系。我们在倡导自然环境的整体观念的同时,更为突出地强调了人类社会在文化的生成与演进中的作用,注重人地关系协调的世界观和方法论。

2.4.3 融合区域与城市发展机制

城市作为人类社会发展到一定程度的产物,是在早期人类聚居过程中所形成的聚落的基础上演变而来的。城市在很大程度上都是作为人们日常生活以及文化活动的物质空间,它不仅承载着多元文化背景下的人们生活方式,而且还要在自然生态系统和社会文化方面建立起物质、能量、文化等交流、发展和演变的平台。

城市本身是一个极为复杂的系统,而城市景观也因此受某一种因素主导控制、多种因素影响下的复杂综合体。通常来说,绝大多数城市中自然生态向人文生态演进的主导控制因素来自于人类活动干扰。城市作为一个以人类为主体的生态系统,是人类活动高度聚集的区域,是由原来与自然融合良好的村庄与聚落被无限放大的超级社区。城市中的自然文化景观受城市环境的影响,表现出与其他类型景观截然不同的特征:

1. 城市的快速发展必然导致人口、物质、经济、科技、信息和建筑等

---

① ［美］拉普卜特著;常青等译. 文化特性与建筑设计［M］. 北京:中国建筑工业出版社,2004

社会资源的聚集,相对来说自然资源就会受到极大的限制,进而导致自然文化生态系统的退化;

2. 城市生态系统与自然生态系统有着明显的界限,并相互对立,是一个相对封闭的人工生态体系,大多数的物质和能量的交换都需要人的参与和管理;

3. 城市中的自然生态区域通常都非常脆弱,特别是在一些工业用地区域和垃圾填埋地,其自然生态系统结构已彻底解体,完全丧失了生态系统自我调节、修复与抵抗外界干扰的能力。

因此,城市建成区域的自然文化演进需要人工调节以增强其反馈机制。城市景观中的自然生态向人文生态演进必须兼顾自然生态、社会文化、经济发展等多个方面,充分融合科学技术和人类文化活动,引导一种持续演进并充满活力的"自然—城市—文化"综合体。

2.5 本章小结

本章主要结合风景园林及其相关学科,从多种层面、多个向度来构建自然生态向人文生态演进的理论框架体系,并阐述了自然生态向人文生态演进的基本理念形成的哲学基础、研究视野以及跨学科融合的发生机制。

自然生态向人文生态演进理念是基于一种哲学层面上对人与自然关系的认知,它是将自然物质层面的物体放入整个人文历史环境当中探讨的一个概念,并将被认为是隔离的自然、文化两个层面的内容紧密地联系在了一起。到了近代,马克思从哲学层面提出了"自然的人化"的概念,认为自然在实践的过程中逐渐演化为属人的存在,并体现出一种从自然生态向人文生态演进的发展过程。

从整个理论系统的发展脉络来看,自然生态向人文生态演进理念的形成需要拓宽现有的研究视野,建立一套跨学科交叉融合的研究框架体系,包括景观生态学、历史地理学、文化人类学、社会学、城市规划学、建筑学、美学等。也正因如此,"自然的人化"才具有了多元化和多样性的特征。并且,自然、文化演进在尺度、等级和范围的巨大变化,使其成为一个容许差异性、复杂性存在的综合性概念。它不仅包含有自然生态环境以及回到事物本身的现象学体验,而且它还延伸为一种综合的、战略性的艺术形态,这种艺术形态可以使自然演替进程、社会文化变迁、城市经济发展以及人们的日常生活需求等相互融合,并形成新的自由而互动的联合体。

自然生态向人文生态演进理念的提出,实际上就已经将原来关注自然外在的固定形象转向了一种事物的持续发展演变过程。在这个发展过程中,受自然地理、文化社会、政治经济等多方面的影响,导致其研究视野、发生机制(包括实际应用的策略、方法和模型等)的多样化。它囊括了自然生态环境和社会人文环境,是建立在自然科学、社会科学和人类学背景的基础之上,对形成人类普遍的自然、文化价值观具有极为重要的现实意义。

3 自然生态向人文生态演进的历程与当代转换

> 人类历史与"自然历史"唯一的根本区别是前者绝对不可能
> 再来一遍……打断对以往的延续,是对人类的一种贬低①。
> ——何塞·奥特加·Y.加塞特(José Ortega Y Gasset)

现有的风景园林思潮的形成并不是当代人们凭空想象或创造出来的,而是人类社会经过几百上千年漫长经验积累中形成的。风景园林中自然生态向人文生态演进主要涉及两个层面的内容,即自然物质形态层面和社会文化层面,前者是关于自然生态系统的客观演替进程,包括生物的进化和自然环境的变迁等要素;而后者则是关于人类历史文化的演进,包括哲学思想和文化价值观念等。两者相互影响,共同构成了我们今天风景园林设计理念与文化价值观的基础。

表 3.1　社会发展不同阶段的主要特点

文明类型	农耕社会	工业化社会	后工业化社会
主要时段	原始社会后期至资本主义社会之前	资本主义社会建立至 20 世纪 70 年代	20 世纪 70 年代至今
人口聚集	相对缓慢	初期人口"绝对集中",成熟期人口"相对集中"	人口"相对分散"
文化进程	生存经验、适应性	乌托邦理想、技术性	多元共生、复杂性
环境问题	森林砍伐、地力下降、水土流失	从地区灾难到全球性公害,大气污染、温室效应	新的伦理技术观,全球性公害与灾难逐步得以解决
对自然的态度	尊重、顺应自然	征服、控制自然	保护利用自然、协调共生

---

① ［美］柯林·罗(Colin Rowe)著;童明译. 拼贴城市［M］. 北京:中国建筑工业出版社,2003

文明类型	农耕社会	工业化社会	后工业化社会
生态意识	生态自觉	生态失落	生态觉醒、生态自为

　　风景园林作为文化意义上的实践行为,就像是一个通过不同社会文化背景观察他们聚落、田野、山川、河湖和林地的异常清晰的透镜①,基本"折射"出了人类社会的发展演变历程(表 3.1)。同时,人们有意识的文化活动作为抵抗环境同质化的一种手段具有非常重要的意义,它是该地区最为卓越的文化表现,代表社会和历史的再现。从某种意义上说,正是因为有了人类活动的介入,才维持了各个地区的自然景象多样性。要想维持地域自然生态环境的多样性,理解特定时代背景下人类历史文化的变迁和自然的延续及其相互关系显得尤为重要。

3.1　传统人类生存经验概述

　　风景园林是一个既古老又年轻的应用型学科。自从人类诞生的那一刻起,人们就开始创造更好的生存空间而介入自然。这样的过程一直持续到 18 世纪工业革命,由于农业社会下人类干预自然的力量有限,主要表现为顺应自然发展的进程,选择适合人类生存的环境。这个阶段的人化自然主要来源于自然环境自我演化过程的结果。

3.1.1　早期人类聚居中的自然生态向人文生态演进

　　在人类的诞生到农耕文明之前的这段时间里,人类便已经开始了利用工具和选择栖息地的文化活动行为。在 6500～7000 年前的新石器时代,那些从森林中的树上走向河谷、平原的先民们为了生存而选择有利于自己狩猎、庇护和捍卫空间领域的自然环境,并结合自己的智慧进行认知、改造和利用(图 3.1)。

　　选择适宜人类居住的理想场所是人类适应自然、改造自然的一种生存方式。人类初期文化的发展基本来源于自然生态环境的认知与经验。

---

　　① ［美］詹姆斯·科纳著;吴琨,韩晓晔译.论当代景观建筑学的复兴[M].北京:中国建筑工业出版社,2008:6

选择一个相对安全而稳定的栖居地，并筑起防卫设施，一方面防止野兽的侵袭，同时也可以向同类竞争者捍卫自己的空间领域。在原始社会技术极其有限的情况下，巧于利用周围的空间尺度、方位特征、山形水势等天然屏障是先民们营建栖居场所非常重要的依据之一。考古

图3.1　北京人的聚居生活

发现，近十万年前的尼安德特人(古人)就将自己的聚落常设在断崖和天然障碍附近(Clork,1970)，根据周边环境，诸如水源、地势、微气候、猎物迁徙、植被生长等景观结构的布局进行合理改造，这对埋伏狩猎、躲避野兽都有着非常重要的作用。在漫长的森林草原的生存历程中，人类祖先无时不在探索和开拓新的自然栖地，并形成具有人为改造特征的文化栖居模式。正是人类探索和开拓的天性，才使人类能征服地球的每一个角落甚至外部空间[①]。

　　除了择地营居，早期人类也开始积累起一些聚落、村镇等人工环境的形态整合，这些形式的产生主要是为了满足他们某些社会文化生活的倾向，这种群居的社会倾向逐步演化成为一种城市的雏形，这些聚落的布局、围合等方式显然体现了一种社会文化生活的形态。考古发现，早期人类聚居形态大都采用向心围合的方式，体现了一定的共有的集体性思想观念，例如：西安半坡遗址、临潼姜寨仰韶村落遗址(图3.2，图3.3)。这种基于人类最基本的需求反映在文化层面，其地域差异并不明显，先民们基于各自最原始的生存考虑而采用的几乎共同的形式。例如乌克兰的科罗米辛那新时期时代特里波列文化的聚落遗址和非洲扎伊尔共和国基乌湖畔的一个渔村，都不约而同地采用了这种环形聚居的布局形式[②]。这种基于氏族部落的原始空间形态来源于人类社会早期集体劳作、交流、宗教仪式等生活经验，它们是一种介于生存本能和自发的集体无意识的社

　　①　俞孔坚. 理想景观探源——风水的文化意义[M]. 北京:商务印书馆,1998:75
　　②　西安半坡博物馆. 半坡仰韶文化纵横谈[M]. 北京:文物出版社,1988

会文化行为。

图 3.2　陕西临潼姜寨村落遗址平面　　图 3.3　陕西临潼姜寨村落遗址复原图

因此,自从早期人类在地面上聚居开始,自然的选择使得他们获得了一系列适应性行为,这种人与自然的相互作用促使了原本纯自然的景观逐渐被赋予了文化意义,演进成为一种人文景观。

3.1.2　传统的聚落与农耕文明中的生态适应性经验

在前工业社会下,传统聚居环境的世代经营凝聚了人类社会几千年的文化发展历程,其非凡的环境营造和择居经验至今还影响着我们的风景园林建设。例如《商君书·徕民篇》[①]:"地方百里者,山陵处什一,薮泽处什一,溪谷流水处什一,都邑蹊道处什一,恶田处什二,良田处什四,以此食作夫五万,其山陵、薮泽、溪谷可以给其材,都邑、蹊道足以处其民,先王制土分民之律也。"具体分析了城市及其腹地的用地构成与比例关系,这是遵循自然生态的内在规律而充分利用自然资源的土地利用整体规划思想。

古代农耕文明的低生产力水平,使得人们改造周边生活环境、利用自然资源的能力相对有限,人类往往只能根据特定的生态环境条件来趋利避害,并获得相对较好的生存条件,这种朴素的自然观是在漫长的历史演进的过程中逐渐形成的文化理念。例如:远古时期的人类文明大都发源于大河流域,在流域的洪泛平原的附近择高而居,广大平原上的漫流为人类的农业生产提供了肥沃的土壤,为人类社会文明的发展奠定了基础。当然,流域生态系统中的洪泛平原在为人类生产、生活所需的基本物质提供条件的同时,也带来了季节性的洪水泛滥等多种自然灾害的侵袭。正是这种自然灾害促使人类与自然进行抗争,并形成了一系列的避险、治理、防范等生存的经验,使聚落、村镇、城市等人类聚居文明能够生存并延

---

①　仝卫敏.《商君书·徕民篇》成书新探[J].史学史研究,2008(03):79-85

续几百年甚至上千年。这种洪涝灾害的自然演替过程与人们不懈的生存实践活动相互作用,并形成了具有地域文化特征和自然生态特征的独特的适应性景观(图 3.4)。

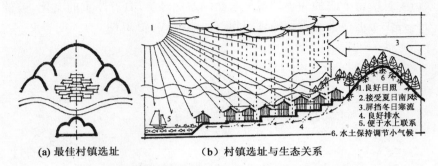

(a) 最佳村镇选址 　　(b) 村镇选址与生态关系

图 3.4　中国传统聚居环境蕴含着朴素的人文自然理念

中国传统文化的生成与演进大多来源于古代人们的生产、生活过程中的生态适应性经验,依据现有自然生态条件进行有意识地创造适宜的人居环境是传统聚落能够自然形成、并有机生长的前提。

皖南古村落——宏村就是依据当地的山形水势进行择地营居的(图3.5)。其地形、地貌以及水源几乎成了聚落形态及其农业生产的决定性因素。从村落内部结构及环境布局来说,丰富的网状水系和池塘,维系了村民几乎全部的日常生产生活的需要,例如饮用、洗涤等;从村落的整体选址和周边环境的布局来说,其背山面水的整体格局从根本上保证了村落不受自然灾害的侵袭,周围的池塘、小溪、环山和树林都具有调节雨洪,

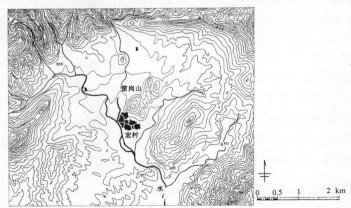

图 3.5　皖南宏村及其周边环境布局

灌溉农田等生产性功能。另外,相比这些水利设施的营造,村落所有的生态基础设施都需要长期的进行维护与改进,并适应气候环境、人文环境的演化与变迁。今天我们所看到的宏村村落的布局,是古代人们世世代代繁衍生息所留下来的一种理想的人文的自然环境,具有厚重的文化,被誉为一种生态适应性经验下的理想聚落风水模式(图3.6)。

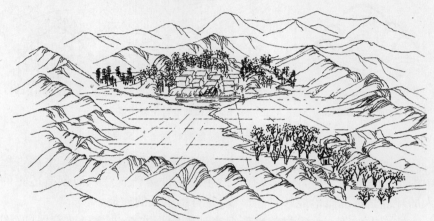

图3.6 生态适应性经验下的传统聚落布局模式

3.2 近现代风景园林中的自然生态向人文生态演进

近代以来,工业的快速革新,人们对自然资源的改造、利用能力越来越大,为人类社会的飞跃式发展提供了可能;与此同时,西方社会文明下的"征服自然"的思想正处于世界的主导文化。在这双重因素的作用下,人类开始了有史以来最为重大的变革,人们毫无节制地使用自然资源,致使产生了全球性生态环境危机。到20世纪60年代,在人类社会经历过的多次生态环境灾难之后,一些生物学家、环境学家和资源保护运动的代表人物首先觉醒,并开始呼吁人类保护自然生态环境。全球性的生态环境保护运动也随之迅速崛起。针对以前的"人与自然二元论"和"人类中心主义"进行反思,并提出了一系列新的自然观和环境伦理思想,包括:生态规划、遵循自然演替、生态美学、城市美化、绿色城市等。

3.2.1 自然生态与人文生态的二元对立

早在两千多年前,希腊哲学家普罗泰戈拉就说过"人是万物的尺度",

认为人是超越一切自然之上的主宰者。从维特鲁威（Marcus Vitruvius Pollio）的《建筑十书》（*The Ten Books on Architecture*）到达·芬奇（Leonardo da Vinci）的维特鲁威人（The Vitruvian Man）（图 3.7），再到柯布西耶（Le Corbusier）的模度理论（Modulor）（图 3.8），西方人这种对神圣比例的追求一直延续至 20 世纪 50 年代。这种理性主义思想占据着西方社会主流的文化价值观，并随着全球化浪潮影响到了世界上绝大多数的国家和地区。

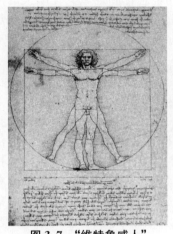

图 3.7 "维特鲁威人"

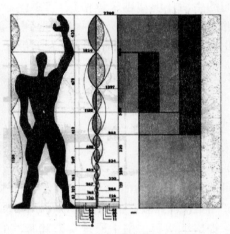

图 3.8 柯布西耶的"模度理论"

以机械哲学为基础的西方近代科学是建立在古希腊、古罗马的哲学家们倡导的人是认识、利用、征服自然的主体，而自然只是人的附属物思想观念之上的。最具代表性的当属柏拉图（Plato）的思想，他利用一种绝对的观念来统一世界，并造就了一个与现实世界对立的乌托邦世界。正如罗素（Russell B.）所说："笛卡尔（René du Perron Descartes）的绝对观念下的坐标系是建立在柏拉图理想主义的基础之上，并经西方基督教哲学而发展起来的精神与物质的二元思想。"①这种思想促使了西方社会人与自然关系的脱离，将自然作为人外在的物质世界，并对立起来认知。人与自然的二元对立使西方社会认知体验的主客体始终处于分离、对立的状态之中。西方这种主流的自然、文化价值观几乎主导了 20 世纪初的全球化进程，对世界各国的地方文化带来冲击。

---

① 罗素著；马元德译. 西方哲学史[M]. 北京：商务印书馆，1988

基于工业社会下的现代主义强调一种"非黑即白"的文化价值观念，人类社会要发展就必须利用并征服自然，以至于彻底铲除自然的状态，建立起一个完全由人工打造的理想化的孤立的景观，与周边自然生态环境完全隔离。人类只为了追逐更大的物质财富，科学技术的迅猛发展更是助长了这种对自然的掠夺式开发模式，原本叠加了历史文化属性的人文的自然也随之一并被铲除，最终导致自然资源的衰竭、生态环境的恶化，同时伴随着地区人文活力的丧失。在人类社会飞跃式向前发展的同时，我们的生活环境却越来越糟糕，自然生态环境恶化和地域文化缺失的问题并没有因为技术的日新月异而得到改善。因此，我们需要在自然观和文化价值观等层面上，重新反思人类最近几个世纪的社会演进历程。

3.2.2　矫枉过正：走向科学与理性的环境意识

20 世纪 60 年代以前，"环境意识"基本还处在人们日常生活和科学讨论视野之外，人类的基本意识还沉浸在一次又一次的工业革命为人类带来的伟大变革——征服大自然之中。或许有人认为，人类自从早期洪荒的原始社会一直到今天，人类文明的进步就是一部人类征服自然和控制自然的历史。然而，美国生物学家蕾切尔·卡逊（Rachel Carson）在1962 年出版的《寂静的春天》（*Silent Spring*）一书中，首次针对这一绝对观念提出了质疑。书中通过实证和考察的方式描写了由于空气污染，人、牲畜和鸟类生病并死去，世界将面临一片死寂。曾任美国副总统的阿尔·戈尔在为该书写的再版序言中提到，"《寂静的春天》犹如旷野中的一声呐喊，用它深切的感受、全面的研究和雄辩的论点改变了历史的进程。"蕾切尔·卡逊通过深入调查和确凿的证据为全世界人们敲响了警钟，为接下来全球性的生态环境保护运动热潮奠定了基础（图 3.9）。

随着人们对生态与环境保护的广泛关注，这种思想在风景园

图 3.9　蕾切尔·卡逊和她的《寂静的春天》

林领域也得到了全面的发展。麦克哈格及其生态规划思想就是其中的典型代表，他在其代表作《设计结合自然》中详细地阐述了自然生态系统的

演进规律，以及人类如何对自然进行有效合理的规划、设计与管理，以理性的研究方法建立起一个全面而科学的生态规划框架和工作流程。他认为，在设计研究的过程中，其科学合理的景观生态学方法能够自然生产良好的景观结构与形式。麦克哈格的生态规划方法对后来的大尺度风景园林规划理论与实践产生了深远的影响。其中包括卡尔·斯坦尼兹(Carl Steinitz)、理查德·弗尔曼(Richard Forman)、弗雷德里克·斯坦纳(Frederick Steiner)等人，他们在理论基础和技术应用方面进一步完善和发展了麦氏理论，包括图层叠加、景观生态学、绿色基础设施等，此外，作为麦克哈格的最后一届学生，詹姆斯·科纳(James Corner)、查尔斯·瓦尔德汉姆(Charles Waldheim)、克里斯·里德(Chris Reed)提出的景观都市主义和生态都市主义理论都是基于导师的生态规划思想进一步发展而来的新思潮。

因此，人们逐渐意识到一次次的工业革命给自然生态环境带来的沉重负担，全球性的生态危机促使人们对地球未来的命运进行深入的思考。由此，可持续发展理论、景观生态学等领域的迅速发展，为人们在新的价值观下重新找到了对待自然的思考方式，并为原来遭到人类掠夺式开发的自然系统进行恢复与再生。

3.3 当代自然生态向人文生态演进理念的转换

自然生态向人文生态演进理念的形成有一个漫长的发展过程。在过去半个世纪，社会文化价值观的发展变化基本主导了风景园林文化研究的逐步形成。自近一个多世纪以来，国外风景园林的发展由单一的文化价值体系逐渐走向多元综合、整体协调的多元文化共生理念这样一个演变轨迹。

20世纪末，一些先锋景观理论家和设计师对当代风景园林文化的探索，批判了现代主义走向极端的功能主义和实证主义以及后现代主义中符号化的认知方式和"新理性主义"中形式主义方向①。他们认为，当代风景园林普遍采用的是一种总揽全局的形式语言设计，以一种几何学的研究方式塑造抽象的景观空间，将平面构图作为景观创造的主要手段，这

---

① Bernard Tschumi. Manhattan Transcript(New Edition)[M]. New York：Academy Editions,1994

种抽象宏观的图示语言设计方法忽视了个人体验和具体情境的表达,大大局限了景观设计的思维以及景观本身所具备的潜在创造力。可见,当代景观并没有展示出景观概念所包含的广泛内容,我们应试图跳出现有景观的认知局限,重新探索景观的文化意义及其认知模式,全面挖掘景观中多元而复杂的社会现实及丰富的文化潜质。

探索景观中新的文化生成与演进必须对现有景观的文化表达进行反思。现代主义让我们更多地关注抽象的空间,并建立了一套抽象、理性的空间认知系统,以一种客观中立的图示语言描述出物质空间的形态,它去除了时间的维度和人的体验①。新的景观文化应重新引入人的体验、时间、事件及其演变的过程。

3.3.1 后现代文化价值观

后现代文化价值观是在环境伦理观的基础之上形成的,人类生存环境的恶化导致人类伦理观的转变。当人们意识到人类中心主义、征服自然加剧了人与自然关系的分离的时候,社会对自然的认知、文化价值观、经济发展观都产生了根本性的变革。人类已重新尊重自然、延续自然进程、保护生态系统的完整性与稳定性,并探索一条人与自然和谐的可持续发展道路。

人们对于世界的认知逐渐由现代主义单一的、绝对的乌托邦观念转向了一种多样的地域民族文化心理和思维模式。罗伯特·文丘里(Robert Venturi)在他的《建筑的复杂性与矛盾性》(*Complexity and Contradiction in Architecture*)和《向拉斯维加斯学习》(*Learning from LasVegas*)中为我们描绘了一种历史主义和地域乡土的美国现代消费社会背景下的文化价值观,并阐述了当代社会与前工业化传统农业社会、工业化时期的现代社会的不同。

在此之后,美国密歇根大学教授 R. 英格莱哈特(Ronald Inglehart)又根据全球 40 多个地区的"社会价值观"发展状况进行统计和分析得出(图3.10)②:当今世界发达工业社会文化价值观基本按照从"物质主义价值观"向"后物质主义价值观"转变;从"现代主义价值观"向"后现代主义价

---

① 刘铨. 当代城市空间认知的图示化探索[J]. 建筑师,2009(08):5-14

② Ronald Inglehart. Modernization and Post-modernization: cultural, economic, and political change in the 43 societies [M]. New York:Princeton University Press,1997

值观"转变的趋势。总体表现为,由原来不发达的贫穷社会条件下的"生存价值"向发达而富裕社会条件下的"精神幸福价值"转变。这种后现代价值观不再强调实现经济增长的最大化、物质主义,而转向追求个体幸福和自由主义。特别是在消费文化

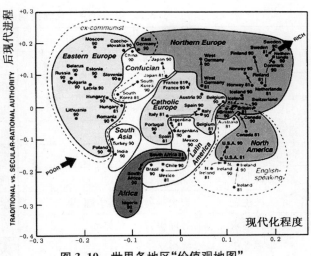

图 3.10　世界各地区"价值观地图"

层面,由原来的物质消费的实用、理性价值转向重视符号价值以及"快餐文化"。由此,英格莱哈特认为,人类社会的发展与变迁并不是线性的,现代化不是人类历史发展的最高阶段或最终目标,发达工业社会的"后现代化"转变已经证明了以上观点。

表 3.2　不同历史时期下的价值观比较

	传　统	现　代	后现代
最重要的社会目标	维持人的生存	实现经济增长的最大化	实现个体幸福的最大化
个人价值观	传统的宗教价值观或社会习俗	成就动机	后物质主义价值与后现代价值观
权威系统	宗教权威	理性—法律权威	反权威、自由

　　针对当代社会文化价值观的变迁与传统农耕时期、工业化时期的"现代化"具有的明显差异,R.英格莱哈特将这种新的价值观和生活方式称为"后现代化"价值观(表3.2)。该研究超越了以往只从"传统价值观"向"现代价值观"的单一视角或维度的研究局限。从社会层面来看,经济发展到一定的水平后,经济因素对社会和人类生活的改善作用不是那么明显,致使社会文化价值观转向"后现代化"。我国受全球化影响,同样也正处于这样一个社会转型时期。

表 3.3　中国社会文化转型前后

内　容	社会文化转型前	社会文化转型期
时间	1978 年之前	1978 年之后
社会生活的重心	政治运动	经济建设
国家发展战略	以阶级斗争为纲	以经济建设为中心
国家对外开放程度	封闭、半封闭	日益与世界接轨
经济体制	计划经济	市场经济
分配制度	供给制	商品化
关注主题	宏大崇高的叙事主题	生态叙事
精神追求	对理想、革命的崇尚	对现实和世俗的追求
主流文化	革命文化	大众文化与消费文化
价值诉求	精神优先的价值诉求	物质优先的价值诉求
社会个体状态	对个性和自我的压制	关注自我的实现和个性的宣扬
意识形态	单一的、高度整合的、以政治话语为中心的"政治—文化"一体化的格局	多种"意义"话语共存、相互影响、具有结构动态性的社会文化格局
消费模式	商品匮乏、供给制的并受道德约束的压抑性和畸形消费	商品日益丰盛、相对自主快乐的消费
主流消费观念	勤俭节约、反对奢侈浪费	既讲究物美价廉又追求时尚与享乐

当代我国已步入一个消费主义大背景下的后现代时期,政治的禁锢早已解除,自由市场经济的日益壮大,意识形态环境的相对宽松,文化也在长久的压抑和畸变之后,迅速喷发而变得繁杂和亢奋。即由原先相对单一的、高度整合的、以政治话语为中心的"政治—文化"一体化的格局,随着社会的发展逐渐趋向一种多元"价值观"文化共存、相互影响、具有结构动态性的社会文化价值观(表 3.3)。

3.3.2　对自然生态系统进行人文思考

自然是所有生命的摇篮。随着人居环境的逐步恶化,人们逐渐意识到自然的可贵,从而更加珍惜、尊重自然。自19世纪末现代景观诞生,奥姆斯特德倡导的城市公园的兴起、查尔斯·艾略特的波士顿公园体系到伊恩·麦克哈格的生态规划理念,生态价值观的普世化现象达到了一个全新的顶峰。自然生态演替的科学化、理性化是未来发展的必然趋势,科学合理的介入自然,引导自然的生态进程是全世界人类文明的一种具有里程碑式的进步。一直到20世纪70年代,阿普尔顿(Appleton,1975)的"景观体验"和"瞭望—庇护"理论以及卡普兰(Kaplan,1982)的自然环境的文化认知模式在一定程度上改善了西方文化社会背景下一直强调的自然、文化二元论的片面认知模式。

人与自然的关系趋向整合,当代全球生态环境保护意识的逐渐增强导致当今文化与自然之间的融合,生态与人文本来就是一对相互贯通的概念。生态除了强调在自然层面上环境的整体和谐之外,实际上生态概念最初源于希腊语中的"oikos",是"家"的意思,对这个层面的挖掘将生态概念扩展到了对所有有机体相互之间以及它们与其生物及物理环境之间关系的研究(Ricklefs,1973),除了自然演替,还包括人类活动及其文化进程、社会发展等。自此基础上,发展出了许多设计理念,例如人工自然的模拟、有机自然观以及自然的最小干预策略等。1968年,法国、德国与荷兰的新马克思主义者和无政府主义者对无拘无束的生活方式具有极大的热情,他们渴望回归自然,并强烈追求一种纯粹而真实的自然生活。他们反对现代主义那种强调人与自然的对立,而是从文化和艺术的角度来认识、理解和顺应自然,并对自然有着根深蒂固的崇拜。

然而,人类在反思对大自然的破坏的时候有时又过犹不及,我们在倡导自然绝非人之附庸之时往往忽视了人亦绝非环境的奴隶。近年来,环境决定论越来越受到文化地理学等学者的质疑,认为文化景观一方面在受到自然生态环境的影响的同时,很大程度上还受到人类社会文化传统和技术手段的影响。在区域自然生态环境相对稳定的同时,社会文化变迁在自然生态向人文生态演进的过程中具有重要的意义。苏尔认为,文化景观的多样性是建立在不同地域自然生态环境之上的社会文化演进的结果(图3.11),因此,自然生态向人文生态演进具有时间属性,同时自然环境和社会文化是演进过程中不可或缺的影响因素。

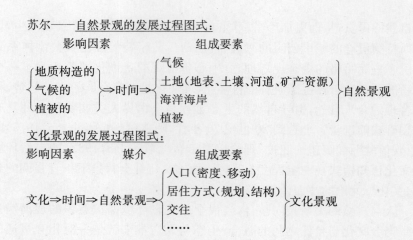

苏尔——自然景观的发展过程图式：

图 3.11　苏尔的文化生态学图式

当代风景园林中自然生态向人文生态演进作为区域与城市有机更新的方式之一，是一种开放的自我更新的生产模式系统，它作为加速或延缓自然演替的进程是一种动态景观、过程的艺术。人化自然作为不同文化干预自然进程的媒介，具有文化属性，是一种文化景观，这种人类生存的智慧（生活方式）反映了人与自然（自然进程）和谐相处的本质。历史遗存下来的文化景观作为抵抗环境同质化的一种手段具有非常重要的意义，它不仅给设计师提供了无穷的设计灵感，也让我们重新审视设计价值观。

3.3.3　体验的回归与形式的消解

当代社会生活受消费主义的影响催生出许多新形式，主要表现为商品、媒体、娱乐、庆典、时尚等城市的日常公共生活景象。大众文化产业随着信息市场的普及逐渐成为人们现代生活的主要部分。人们日益关注日常生活中的个人体验与感知，在设计中强调文化艺术与日常生活的融合。阿尔瓦·阿尔托（Alvar Aalto）对文化有着他独到的观点，他认为"文化"不是一种象征主义的符号，而是出现在作品及其组织、日常生活中均衡的理性①。阿尔瓦·阿尔托在这里强调的是一种对生活的认知以及思考

---

① 阿尔瓦·阿尔托（Alvar Aalto）的主要论著摘录. 参考：刘先觉. 阿尔瓦·阿尔托——国外著名建筑师丛书［M］. 北京：中国建筑工业出版社，1998

方法。

　　当代社会文化价值观已不再强调现代主义那种绝对理性的权威,更多的是表达一种不确定性、混杂性、个人参与等大众社会生活的特性。哈桑·法赛(Hassan Fathy)在《后现代主义转换》中对现代主义和后现代主义特性进行了对比,现代主义突出的是从形式向内容,从等级向控制,从确定性向超越性,从原因向结果的纵向关系,强调的是在场性和中心性的地位和作用;而后现代主义体现的是游戏的、平面的和解构的特征,后现代对无序与边缘的关照,对不确定性和内在性的呼唤,对共生关系和平等并列关系的倡导,二者之间形成了鲜明的对照(表3.4)①。

表3.4　哈桑对现代主义与后现代主义的比较

现代主义	后现代主义	现代主义	后现代主义
浪漫主义/象征主义	荒诞玄学/达达主义	选择	混合
形式(联结的,封闭的)	反形式(分裂的,开放的)	根/深层	枝干/表层
意图	游戏	阐释/理解	反阐释/误解
设计	偶然	所指	能指
等级	无序	读者的	作者的
精巧/逻各斯	枯竭/无言	叙事/恢弘的历史	反叙事/具细的历史
艺术对象/完成的作品	过程/行为/即兴表演	大师法则	个人语型
审美距离	参与	征候	欲望
创造/整体化	反创造/解结构	类型	变化
综合	对立	生殖的/阳物崇拜	多形的/雌雄同体
在场	缺席	偏执狂	精神分裂症
中心	无中心	本源/原因	差异/痕迹
作品类型/边界	文体/文本词性	天父	圣灵
语义学	修辞学	超验	反讽

---

① 佟立. 西方后现代主义哲学思潮研究[M]. 天津:天津人民出版社,2003

现代主义	后现代主义	现代主义	后现代主义
范式	句法	确定性	不确定性
主从关系	平行关系	超越性	内在性
隐喻	换喻		

挪威建筑师斯维勒·费恩（Sverre Fehn）设计的海德马克博物馆（Hedmark Cathedral Museum）利用原有 Storhamar 仓库中混凝土、木材、玻璃和古老的石砌墙体作对比，不同材料的质地与肌理产生了强烈对比，形式凌乱而自由，且不拘一格，却真实地表达了其历史文化的存在（图3.12）。建筑的历史文脉得以传承。使用功能的置换激活了原本用作畜棚的生存活力，让建筑焕发出新的文化生命力。如同生长出来的细部处理。这样正印证了他的设计观："设计不是去创造，而是去发现。"斯维勒·费恩并没有特别依赖于模仿那些地域文化形式，也没有在跨文化、跨地域的实践中特别强调异国情调的符号和形式。相反，他显示出对建造的基本问题和基本理念的关注，这些也正是不同文化间真正共享的东西。

图 3.12　从没有中心、无向度、散漫的日常生活经验中寻求灵感

当代风景园林空间探索和形式革命是在现代空间的基础上发展而来的，期间经历了一个犹如钟摆似的设计风格演变历程，以批判的角度和先锋的姿态来诠释、再现、反叛最后寻求超越的设计理念，并探索人类与风景园林之间潜在的关联性。风景园林的主客体之间必须通过观念感知与物质实体建立起互动的桥梁，然而观念和物质本身也是一对模糊不定的概念，或者说是一种共生且此消彼长的关系。在这种此消彼长的相互转换的过程当中使得当代风景园林的空间形式逐渐走向退避与消解。

詹姆斯·科纳认为当前风景园林已经成为多样性和多元化的代名词,风景园林因其具有物质实体与时空经验上的双重特性,可以同时展现自然过程和现象学体验,并延伸出一种综合的、战略性的艺术形态,这种新的艺术形态已经脱离了传统的造型艺术,不再重视形式及其再现,而是寻求一种人类栖居过程中文化生命力的展现。景观的生成被认为是一个事件发展的过程,不再是一种关乎于外观和美学的观点[①]。

3.3.4 区域与城市更新作为一个整体性的复杂系统

在社会快速发展的今天,风景园林作为一个时髦的术语被人们应用于各个领域,包括传统的原野自然、田园风光、园艺栽植、环境艺术等。其中大多数人仍然以 19 世纪传统意义上的花园来理解当代风景园林,将其纳入公园、绿色廊道、行道树、散步道和花园等形式来修复和缓解过度城市化带来的负面效应。

然而,有一些设计师和理论家则将目光投向更广泛的领地:棕地恢复、雨洪调蓄、能源收集、生物栖息地、城市化景观和景观基础设施等。他们关注风景园林的概念性视野以及通过风景园林的手段来组织复杂地段、生态系统和基础设施的能力,它不仅是包括自然系统的恢复和修补,更多的是对风景园林潜能的延伸和实现,将其视为多学科协作的开放性策略,这是一种灵活的、动态的、随时间而变化的运行机制和引导区域整体更新的复杂系统(图 3.13)[②]。

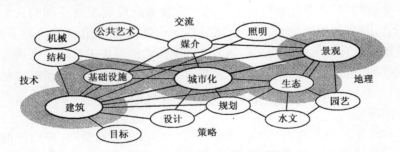

图 3.13 风景园林与相关学科协作

① [美]詹姆斯·科纳著;吴琨,韩晓晔译.论当代景观建筑学的复兴[M].北京:中国建筑工业出版社,2008

② James Corner, Terra Fluxus. In: Charles Waledheim(ed). The Landscape Urbanism Reader[M]. New York:Princeton Architectural Press,2006

今天越来越多的风景园林通过一种物质生产模式来展现社会和政治结构，将过去作为一种审美创造的体验转化为根植于现代生活的现实体验。一些当代景观从传统的文化景观吸取灵感，为了达到高效能的产出往往制定一套严密的程序计划，它不仅仅是设计结果的表达，更重要的是复杂的介入，是设计师引导自然文化进程以及自然创造力的展现，其演进过程本身比结果更为重要。

城市景观是一个极为复杂的巨系统，它往往受到社会、环境、物质与经济发展及转型的综合影响与相互作用。路易斯·芒福德（Lewis Mumford）曾对区域生态的规划做有如下定义：区域景观规划是对一切有关自然资源、场地和建筑等土地利用活动进行有目的的指导。芒福德将其归纳为一种"自然—城市—文化"的综合演进过程的管理，依据区域与城市自然文化的特征分析，结合区域与城市发展的现有资源构建一个长期、有效的灵活框架体系是实现城市景观区域再生的基础。它是在这种现实状况下对区域与城市在特定时期转型中面对挑战及抓住机遇的一种回应。城市作为一个经济、社会、环境的综合体需要利用全面的策略使问题的解决平衡、有序，并具有积极意义①。正如冯仕达提醒我们，"风景园林不应当作为一个风景术语，应当作为一种管理策略的范畴。"②

3.4　本章小结

众所周知，人类社会处在不同的历史发展阶段表现出不同的人文价值理念，其自然生态向人文生态演进理念也随之呈现出一定的差异性。本章通过对自然生态向人文生态演进历史探索的得失进行了一个简要的纵向梳理，包括人类生存经验、文化景观历史遗存和现代风景园林文化探索等，从这样一个历史演变规律中找出当前我们所处的位置以及所面临的主要问题。

自然生态向人文生态演进理念作为一种人文的自然观，在漫长的人类社会历史演变轨迹当中，总体来说还是处于相对稳定、温和的发展状态。特别是前工业时期，人们在对自然环境和人文社会环境的认识是基

---

① 吴晨. 城市复兴的理论探索[J]. 世界建筑，2002(12)：72-78

② ［美］詹姆斯·科纳著；吴琨，韩晓晔译. 论当代景观建筑学的复兴[M]. 北京：中国建筑工业出版社，2008

于一种对特定气候、场地、文化等环境因素的适应性生存经验的自然表露，它是一个集体无意识的自发过程。在这个时期所表现出来的物候特征或艺术形态是一种基于当时社会生产力状况及关系下的真实反映，这对我们当前的设计具有非常重要的启发意义。

然而，人类社会随后进入了一个突飞猛进的工业革命时期，人类在改造自然的过程中出于一种只追求自身利益的片面价值理念，这种对技术的近乎宗教式的崇尚和文化价值观的缺失导致一系列的自然环境和社会人文环境的恶化。这一阶段的历史发展过程主要表现为人们不断反思的过程，包括对自然认知的反思，文化价值观的反思，社会发展观的反思等。

当代社会已全面进入了一个转型时期，在全球化的语境和后现代特征的文化价值体系下，人们的生活状态和价值观念已发生了深刻的变革。人类干预自然的方式已经进入了一个全面融入当前社会现实的历史时期，包括生态环境的改善，多元的地方文化价值观认同，社会、经济的持续发展等。时代的进步为人类对自然的认知和人文价值理念的革新提供了良好的社会大环境和发展机遇，风景园林作为一种全面介入人们生活的媒介同样需要一种全新的理念来支撑，当代风景园林中自然生态向人文生态演进理念的转换是历史发展的必然。

4 生态系统服务导向的自然生态向人文生态演进

　　人类对待土地的方式表明人类对大自然的了解是非常肤浅的……这与我们所处的社会阶段和时代背景紧密关联。人类的发展历程相对自然来说还很短，也许还无法理解其中的自然规律。人类只能相对地衡量时间这样一个概念①。

——约怡·麦克菲

　　回顾人类介入自然的历程，基本都是为了满足人类自身的需求而对自然施加影响的过程，同时自然生态系统成为人类发展最基本的依托。随着人类社会的发展，人类活动及其地域自然生态环境总是交织在一起，并越来越走向相互依赖，共同生存的趋势。

　　人类诞生之初，地球上生活着包括人在内的数十亿物种，它们彼此之间以各种方式相互作用，形成了一个庞大而复杂的自然生态系统。然而与其他生物不同的是，人类将地球上的自然生态环境（包括气候、地形、土壤、植被、水、动物等）转换成为有价值的资源，为创造人类更好的生存条件而服务。因此，在人类自然生态向人文生态演进过程中，社会文化变迁以及风景园林的发展与场地中特定的自然生态条件有着唇齿相依的紧密联系。自然物质形态层面的合理性与生态性在某种程度上决定了文化的生成与演进的方向和驱动力，自然生态系统服务导向在"自然的人化"过程中构成了一个极为重要的维度。

4.1 自然生态因素下的文化生成与演进

　　自然生态向人文生态演进是一个多种自然过程和人为过程叠加在一起的动态综合体。物质与能量的交换是其自我更新、演化的基础，通过强有力的人工补偿措施尽量减少场地内自然退化的生态环境，使场地中的

---

① ［美］巴里·斯塔克（Barry W. Starke）著；王玲译. 人类栖息地、科学和景观设计［J］. 城市环境设计，2008（01）：14-19

自然过程转变为健康的、进化的自然演替进程。自然物理调节机制的管理策略和工程技术措施包括：蓄洪排水、疏浚河道、改善土壤、净化水质、防风固沙、地下水的补充；在山区进行小流域治理、闸沟造田、植树造林等。

4.1.1 基于区域、微气候特征的文化生成与演进

气候特征是一个综合的影响因素，它不仅可以影响到土地上的几乎所有的自然物质形态的发展与演化，如改变地形、地貌、水循环、野生动物活动、使植被呈现明显的气候带分布特征等；而且还能影响人类的生产、生活状况，包括农业耕种、聚落分布与布局等。气候因素是形成地方性和区域性场所的基本力量，也是各个地区文化差异性的根本原因之一[①]。

区域气候是一个大面积区域在一段时期内各种气象要素的整体特征（Pielke and Avissar，1990）。它受山脉、平原、河湖、风向、纬度、海拔等自然地理环境的影响，并与特定的人类文化圈紧密联系在一起，它反映了一个地区基本的地域自然状况和文化特征。此外，微气候主要是描述小范围内场地的地理气候变化特征，包括：土壤的结构、空气流通、地形、雨水、太阳辐射、地下水、动物栖息以及植被的变化等，并与土地的形态特征有很大关系（图4.1）。约翰·西蒙兹（John O. Simonds）在《景观设计学——场地规划与设计手册》中提到："每一个小尺度区域都有着特征鲜明的各种微气候，这些特征主要包括方位、风速、风向、地表结构、植被、土壤厚度等。除此之外，较大尺度的自然生态系统和区域气候也对微气候产生影响并形成多种差异，如山脉、森林、河流、城市等人工环境等"（图4.2）[②]。为了满足人类更好地生存需要，人们通过改变场地中的自然系统的结构和功能来营造微气候，使其加快或减缓物质能量交流和自然演替速率。对于引导自然演替进程、提高生态系统稳定性具有非常重要的现实意义。

---

① ［加］M. Hough 著；洪得娟，颜家芝，李丽雪译. 都市和自然作用［M］. 台北：田园城市文化事业有限公司，1998

② John O. Simonds，Barry W. Starke. Landscape Architecture：A Manual of Environmental Planning and Design（fourth edition）［M］. McGraw-Hill Companies，Inc. 2006

图 4.1　相互依存的微气候环境因素

图 4.2　局部微气候的适应性营造

图 4.3　布雷·马克思的锡蒂奥庄园

巴西风景园林师罗伯特·布雷·马克思（Roberto Burle Marx）的设计充分体现了巴西热带气候的特点。特别是在植物材料的选择上，他采用一些以前被当地人看做杂草的乡土植被。由于这些乡土植物生长在适宜的气候下，生长状况极为繁茂，最大限度地开发出了热带植物的观赏价值。在其他材料的选择上，设计结合带有热带浓烈而鲜艳色彩的墙体、岩石、砂砾、土壤等，创造出一种拉丁美洲独特的热带风情景观(图 4.3)。

4.1.2　基于地形、地貌特征的文化生成与演进

自然地理环境中的地形、地貌特征对于文化的生成与演进过程具有无法忽视的影响。各个地区不同地形单元形成的各具特色的文化景观充分展现了这个地区的自然环境特征，例如地表的坡度和坡向、土壤的类型和土壤的湿度、岩石性质都极大地影响了人类活动和行为方式。古代人们依据自然地理的山形水势来判定一个区域是否适宜栖居，并对其进行生态适应性改造，顺应自然规律的同时充分利用自然资源，例如：在坡地种植果园；山腰建造居所；保护谷地树林、涵养水源；利用冲沟开浚引水；漫滩、平地开垦农田；在低洼沼泽区域进行深挖蓄水……。

作为风景园林的基底，土地的形态不仅主导着自然生态系统的演变过程，更重要的是它记录了人类在此生存活动过的痕迹。众所周知，在地形、地貌相对单一的荷兰，却拥有着人类活动介入自然所形成的最为伟大的土地艺术肌理。荷兰随处可见一排排整齐的树林、格网状的农田、道路、水渠……（图4.4），这种高效而独具诗意的景观反映了当地的人们在改造自然的过程中很好地顺应了自然系统的演变规律，并延续了场地中结构良好的地理文化特征。

图4.4　荷兰土地形态

由西班牙风景园林师拜特·菲格罗斯（Bet·Figureas）设计的巴塞罗那植物园（Jardín Botánico de Barcelona）结合场地山丘的特征，很好地延续了当地独特的土地形态（图4.5）。设计师在原有的芒特尤奇（Montjuic）山上编织了一张反映地中海地区山坡上生产性景观地形特征的道路空间网，很好地诠释了这个地区的土地形态结构状况。

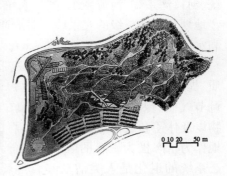

图4.5　巴塞罗那植物园平面

巴塞罗那植物园鲜明的景观形态，一方面依据场地本身的坡地地形，在当地特有的丘陵地貌上面组织了一套三角形的道路网，这些大小不一的三角形很好地解决了场地中的高差问题；另一方面也来源于周边环境及地域文化、生态等因素。由于西班牙—地中海地区坡地耕种方式采用大量的挡土墙和梯台式土地肌理（图4.6），设计结合地形设置一些石砌挡土墙，在坡度较大的区域，采用一种与当地红色土壤相协调的锈钢板进行护坡。拜特·菲格罗斯将当地自然物质形态的土地特征完美地融入设计当中，形成了一种人文的自然景观。它融合科学、艺术、生态于一体，并彰显出地中海地区特有的农业景观形态及其地域文化特征(图4.7)。

图 4.6　用锈钢板挡土墙诠释的地中海　　　图 4.7　一体化设计的入口景观，
　　　　　梯田景观　　　　　　　　　　　　　　　　 同样采用三角形元素

4.1.3　基于景观水文特征的文化生成与演进

　　水是生命的基础,降水和空气湿度直接影响生物量以及生态类型。从水文要素分析角度出发,湿地和深水环境可以分为 5 个系统:海洋系统、河口湾系统、河流系统、湖泊系统和沼泽系统。这些系统还可以进一步地划分为次一级的亚系统。湿地通常被理解为沼泽、河口湾、洪泛平原和水源涵养丰富的林地等(图4.8)。湿地具有多种积极的生态功能及其对人类的价值,例如:补给和排泄地下水、固化沉积物、削减洪峰、保持水质、提供鱼类和野生动物栖息地、调节气候、保护水域岸线、生产食物以及休憩和娱乐等(表4.1)。湿地作为生态极为敏感的区域,其生态系统的退化是人类活动和自然因素共同作用的结果(表4.2)。湿地和滨水地区的不断消失,极大地威胁着我们人类和动植物的生存状况[①]。

图 4.8　区域气候的水循环系统

---

　　① ［美］弗雷德里克·斯坦纳(Frederick R. Steiner)著;周年兴译.生命的景观——景观规划的生态学途径[M].北京:中国建筑工业出版社,2004

表 4.1　湿地的功能、价值和效益分类

类　型	具体价值或效益
物理/水文功能	减轻洪涝、保护水岸、补给水源、拦截沉积物
化学功能	对污染物的拦截、对有毒残余物质的清除、对废品的降解
生物功能	生物的生产能力和为动物提供栖息地
社会经济价值	资源消耗型价值（农业种植、渔业、捕猎、燃料纤维）
	非资源消耗型价值（观光、休憩、教育、科学和历史）

表 4.2　导致湿地和滨水区自然文化演进的主要因素

人类活动	排水、疏浚、河道渠化、垃圾填埋、修筑堤坝、农业耕种、放牧、污染物排放、采矿以及其他水文状况的改造
自然因素	土壤侵蚀、地面沉降、海平面上升、干旱、飓风和其他风暴、野生动物的过度啃食

　　近年来，通过景观的措施达到水质改善成为人们普遍关注的话题，干旱、各种污染、淡水水域骤减等使得水资源净化与再利用不可或缺。英国 PFB 公司（pfb-associates）的 ARM 项目①是英国约翰·托德（John Todd）开发的一种利用自然植被净化雨水的人造湿地模式，又可称为芦苇床系统，使用自然的物理学和生物学过程对雨水或污水进行净化和收集。该芦苇床人工湿地（Reed bed）能够将流入系统的污水中的污染物含量降低到可以排放的标准，通过该措施可以治理污水；营造出适合野生动植物的栖息地，以促进生物的多样化，这种低运行成本、简单、高效的水处理方法提供了一种可持续发展的替代方案。

　　位于德国北莱茵-威斯特法伦州的 Bad Oeynhausen 和 Löhne 两个城市于 2000 年共同举办了州园林展。由于这个地区具有众多独特而著名的地下温泉，当地人将这些具有理疗价值的温泉称为"魔水"（Aqua Magica），使得设计师采用水作为展览的主题。法国风景园林师 Henri Bava 和 Olivier Philippe 将现代科学技术融入场地特有的自然系统中，注入当地的水文化特征，结合周边居民的日常生活，为市民创造出一处融休闲、娱

---

① 　参考：http://www.pfb-associates.com/projects_01.htm

乐、生态教育于一体的人文景观环境①。

其中，最具特色的"水火山"（Wasserkrater）的设计灵感来源于地下独特的水文特征，设计师试图营造出一种神奇的"魔水"体验场所。场地选择在一处植被生长极为茂盛的丛林地带，同时以5m的墙体将其围合，内部体验区域极为隐蔽。在外面或远处，人们只能看见有水雾喷出（图4.9）；然而当人们走入其中，螺旋的台阶可以下到18米深的类似涌泉一样的喷水井，时而喷出近30m高的水柱（图4.10）。设计师将温泉的特征放大并形成一个与外界截然不同的魔幻水世界，与当地的温泉水文化紧密地联系在一起。

图4.9 丛林中的"水火山"

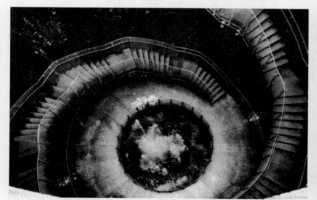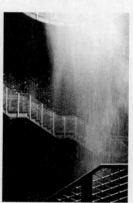

图4.10 "水火山"内部

除此之外，设计师还设置了一些具有生态教育功能的区域，在一层层叠落的水池中种植了大量的水生植物（图4.11），将水质净化的过程完全向公众展现，起到了良好的生态教育意义。同时，设计还将公园北部旧砖厂所形成的土坑改造成一个为动植物提供栖息地的生态保育区（图

① 林箐，王向荣. Bad Oeynhausen 和 Löhne2000 年州园林展[J]. 风景园林，2006(05)：94 - 98

4.12),市民可以来此观察水域生境中的动植物状况,并感受这个地区因水带来的生态环境的改变。

图 4.11　种植着不同水生植物的水　　图 4.12　由旧砖厂形成的土坑改造成的小　　质净化池　　　　　　　　　　　湖泊

　　基于水文特征的文化生成与演进是人类活动的外在文化体现,是人们对水文的需求、认知发展过程进行科学与艺术的高度概括。同时,叠加在这些物质形态上面的人类活动则成为人类文化价值观发展的历史见证,包括:雨水收集,地下水补充、雨水花园、洪泛管理、湿地净化与调蓄等,大到河流、湖泊等流域的治理;小到雨水花园的设计都体现了这种自然生态向人文生态演进的过程。

4.1.4　基于土壤改善特征的文化生成与演进

　　土壤是联系生物环境和非生物环境的纽带。土壤的各种性质是由气候条件和生命物质共同作用而形成的,同时也受地形条件的限制。土壤状况能较为直接的反映自然的过程和

图 4.13　承载着文化信息的土地景观

人类活动对它的影响,相对于其他的自然要素,土壤的侵蚀、淤积、污染等演变过程不仅能揭示这个地区更多的历史文化信息,而且这些稳定的信

息能够较好的保存下来。这也正是地质学家能通过对土壤的研究推断出场地过去发生的自然变化及人文现象(图4.13)。

当代社会的发展大大拓展了风景园林的实践领域,今天的城市以及一些周边地区存在大量的 20 世纪工业化留下来的那些看来毫无价值的废弃地、垃圾场或其他被人类生产生活破坏了的区域。风景园林师更多的是治疗城市疮疤,用景观的方式修复城市肌肤,促进城市各个系统的良性发展。文化景观给我们带来的启示在于,景观的首要任务是解决各种各样的问题。正是由于景观的积极意义已不在于它创造了怎样的形式和风景,而在于它对社会发展的积极作用,因此,当代风景园林实践领域逐渐向着恢复地区的生态系统,促进衰弱地区的发展,向着低碳、负碳的可持续发展的方向前行,同时又维护了当地的文化特征,给地区的自然和人文都带来了新的活力与生机。从某种意义上来说,基于土壤改善特征的文化生成与演进也可以说是作为绿色基础设施的高效能景观策略,例如:垃圾填埋场改造、淤泥疏浚、废弃矿山生态恢复、工业废弃地更新等。

自工业革命产生大量的工业废弃地以来,人们就开始研究其改造方式。直到 20 世纪 90 年代,欧美等国家将一些受污染程度相对较轻的自然文化遗产地统一作为"棕地"(Brownfields)来加以保护与再生。例如美国的城市美化运动、克林顿政府棕地行动议程①。美国国家环保局(EPA)对"棕地"有一个比较明确的定义:"棕地是指那些没有得到充分利用的、弃置土地、工商业用地或其他废弃设施。由于这类土地存在着客观上的或意想中的环境污染,通常需要更为复杂的人为干预措施,在开发和利用过程中显得更为棘手、困难重重。"主要是指那些受人类活动轻微干扰,自然进程遭到破坏,相比其他用地类型更难以开发的闲置、废弃或没有充分利用的土地。这些土地共有的特点是,大多都存在一定的污染、环境问题和社会问题,包括:水污染、土壤退化、植被破坏、区域衰败和人文活力丧失等。

工业之后的景观土地再利用,是指人类的工业生产活动都以某种方式与土地利用联系在一起,它包括了多种土地利用的类型,它代表了工业

----

① 克林顿政府把美国城市社区"棕地"(Brownfields)的更新改造和再开发作为一件大事来抓,号称"棕地经济开发行动"(BEDI),为此专门制定了"克林顿政府棕地行动议程",并指定国家住房和城市发展部(HUD)具体负责该项事务。这是联邦政府为了促进地方经济发展而采取的重要策略之一。参考:牛慧恩. 美国对"棕地"的更新改造与再开发[J]. 国外城市规划,2001(02):26－31

时代下人类活动形成的场地特征,具有鲜明的时代特征和文化属性——是自然与人类共同雕琢的作品①。

城市除了建成区和绿色开放空间之外,还充斥着许多闲置地块,由于城市土地的周期性"衰败—复兴",它们的存在是当前城市(特别是工业城市)普遍存在的特征,而这些弃置土地也正好增加了城市生态系统的流动性,并促使其进一步向前演进。它们甚至可以类比为自然生态系统中的自然干扰所产生的"自然灾害",在维持一个健康、进化的自然生态系统的前提下给区域与城市的再生带来新的可能,具有积极的意义。在西方国家,中心区的衰败一直是城市决策者寻求区域复兴关注的焦点之一。城市及其近郊绿色空间的周期性的大量丧失,导致城市土地使用压力逐渐增大,特别不利于那些场地具有自然实体和文化特征的保留。

由凯瑟琳·古斯塔夫森(Kathryn Gustafson)设计的位于荷兰阿姆斯特丹郊区的西煤气厂文化公园(Westergasfabriek Park)在治理工业带来的土壤污染并引导场地内人文生态环境再生方面,树立了典范(图4.14)。设计中采取的措施主要有废弃物和有毒物质的处理(图4.15)、土壤的改善、废弃建筑物再利用、植被恢复等(图4.16),将工业遗产的保护与利用与当代人们的日常生活方式结合起来(图4.17),在现有条件下找到场地中自然物质形态存在的合理性及其文化意义。

图 4.14 Westergasfabriek 公园平面

随着时间的流逝,这些文化遗迹将开始一个新的历史,并唤醒民众对这段历史产生新的认识和理解,设计师以一种全新的视野和文化认知使

---

① [美]弗雷德里克·斯坦纳.生命的景观——景观规划的生态学途径[M].北京:中国建筑工业出版社,2004

原来衰败的自然景象重新焕发出新的人文活力(图4.18)①。

图 4.15　废弃物和有毒物质的处理

图 4.16　水通过叠落得到净化

图 4.17　文化遗迹与现代生活
方式的结合

图 4.18　工厂原贮气建筑和蓄水池被改造
为画廊和水花园

4.1.5　基于自然干扰特征的文化生成与演进

　　自然干扰是时间序列中任何相对明显的引起对生态系统、群落或种群结构的破坏和造成资源基地有效性或自然环境变化的事件。自然界中的干扰是普遍发生的,如森林大火、火山爆发、洪水、泥石流、病虫害等。自然干扰有利有弊。在一定范围内,自然干扰可以成为自然、文化演进的驱动力。

　　历史上众多的名山大川都是受自然力驱动而引发的地质活动影响,发生巨大的变化而出现的自然奇观。人们以此作为一种审美理想的寄托而对其进行人文的描述与认知。例如日本的富士山就是一处因火山喷发而形成的一种地质景观形态,经过长时期的发展演变逐渐被人们当做日

　　① 尼尔·柯克伍德(Niall G. Kirkwood). 后工业景观——当代有关遗产、场地改造和景观再生的问题与策略[J]. 城市环境设计,2007(05):10-15

本文化的典型代表之一(图 4.19)。

图 4.19 富士山与当地人文环境

自然干扰作为不稳定的因素,在不同时空尺度下表现出来的作用是完全不同的。一些有害干扰给小尺度景观带来的可能是毁灭性的破坏;而对于大尺度景观内部结构的自然演替则反而起到促进作用,自然干扰可以导致景观组织的隔离和交流,提高了景观内部结构的复杂性与稳定性。另外,景观的异质性可以促进或阻止干扰的传播,干扰也可以产生新的景观类型,进而形成了新的景观格局。例如:一片茂密的森林经过长时期的自然演进,进化到了一个顶级的稳定阶段,自然的继续演化需要一定的外力来推动。森林火灾在这个时候则成为一种驱动力,这也是近几年加拿大等国家开始实施有计划的使用火的原因之一,并以此保证自然进程持续的活力。可以说,适度的自然干扰是一种自然生态演替的"催化剂",推动了生物物种的进化,提高了地理景观结构的丰富性和复杂性。

洪水在传统的思维习惯中往往作为一种给人们生命和财产带来安全威胁的自然灾害而引起公众的广泛关注,而最为直接的应对措施就是控制那些容易遭受洪水灾害的区域,并且只强调洪水的负面影响。在过去,人们生产力水平有限,一般都会避免在那些容易遭受洪水泛滥的区域修建房屋,并没有过度的干预水域的洪泛区域;然而最近几十年,人们通常在这些生态敏感的洪泛区大规模建设,通过各种工程措施(建设堤坝)来防范洪水侵袭。洪水是土壤、水系、植物和动物共同作用的一种复杂自然现象(包括:水系、降雨、气温、土壤、地形以及植被等)。

位于西班牙萨拉戈萨市雷尼拉斯滨河区的水上公园(Water Park)将自然的干扰特征引入设计当中。方案中,设计师充分体现了洪水有益的一面(埃布罗河带来肥沃的冲击土壤)。暴雨、洪水等水文灾害可以通过恢复自然水文循环,使其发挥积极、正面的作用。洪水时期,公园为河流提供了一个缓冲洪水侵蚀的洪泛区域(图 4.20),并在外围种植大量植被,以降低水流速度、净化水质,最终形成了一个综合的水资源管理模式(图 4.21)。

图 4.20　洪水期的水上公园作为一个洪　　图 4.21　水上公园外围的密林
　　　　泛区域

因此,我们要正视自然干扰带来的"破坏性",从某种意义上说,正是因为我们没有遵循自然的演替规律,人类才遭受了自然的报复。2 000 多年前的都江堰水利工程就是人类在应对自然干扰方面最为伟大的典范。作为人类历史上唯一还存活的古老水利设施,至今仍然发挥着极为重要的作用。我们应学习古人顺应自然规律、介入自然,将自然的干扰转化为有利于人类生产、生活的理念,推动现有的生存环境向一种和谐的自然人文生态系统演进。

4.2　基于人与自然协调的自然人文演进

生命的本质在于物质的合成、交换、成长、自我繁殖与更新,我们需要重新正视这些连续的变化过程,并维护和引导自然生命系统进行持续的演化。人类活动对自然进程的管理是一种文化生态价值观的体现,我们不能只限于对自然系统的外在形式的模仿,而应该挖掘其内在演变的规律,并改善场地中目前所处状态,确保其自然系统及其周边环境的稳定性、完整性与延续性。引导自然系统进行动态管理包括动植物栖息地的营造,维护生物多样性,维持健康的、进化的生物群落等。

4.2.1　维护原有健康、进化的自然植被群落

在生态系统中,植物是自养的,它吸收光能,制造了有机物质,从而成为生态系统中的生产者,是自然生态系统的基础。一个健康、进化的生态

系统中的消费者和分解者都得依靠植物群落来生存。植被的退化直接影响到该地区的生境状况，而一个退化生境要实现景观再生，其最易操作、最经济的方式就是利用植物修复技术，这种看似传统的生态更新方法，近年来成为国际上争相热捧的热点话题，我国业内也正在加强研究并迅速发展为一个前沿性的新课题。

植被的自然演替进程也最能反映自然生态系统的健康状况和变化过程，原生态的自然丛林景观退化为撂荒地、草原景观；在某些干旱地区，受水文气候等因素的影响，原有的水生、湿生植被群落逐渐

图 4.22　苏塞公园平面图

退化为旱生植被群落等。当然反过来，通过人为干预对自然环境进行生态补偿也是有可能的，将原来硬化的河道进行水生、湿生植被的恢复，或者引导淤泥堆放地中自然生成的水生、湿生次生植被向着稳定性更高的林地、湿地生态系统转变等。除此之外，针对一些受到严重污染的场地，仅仅只是维护自然植被现状也是不够的，我们需要对植物采用一些补充性生态恢复措施。例如：对于水域或湿地沼泽化的干预，工矿弃置地、生态脆弱区等退化土地的植被恢复与生态整治。

由米歇尔·高哈汝(Michel Corajoud)于 20 世纪 80 年代设计的苏塞公园(Le Parc du Sausset)对自然植物群落管理与维护理念作出了一种全新的思考与实践(图 4.22)。其基地位于巴黎东部郊区约 200hm² 的农田上，目的是为附近居民提供一处大型郊野植物群落游憩空间，在城市与郊区之间的过渡区域建立起一道良好的缓冲带。场地现状留存有大片的农

田,地形一览无余,貌似不能为设计带来任何的灵感。然而,米歇尔·高哈汝从郊野公园的定位出发,试图营造出一个长期的、动态演变的郊外丛林景观。同时,设计师注意到,场地中良好的乡村田园风光是当地人们经过几十年甚至上百年的自然的维护和文化的积淀所保持下来的历史文化遗存。在设计的过程中,设计师依托原来肥沃农田所具有的良好的植被生长条件,在此原有土地肌理的基础之上种植了30多万株小树苗(图4.23)①。米歇尔·高哈汝认为,我们不能先铲除场地中的自然,然后重新设计一个全新的自然,而是要对自然植物群落的动态演替进程进行引导和管理。设计师通过这30多万株树苗的成长过程为公众讲述了他设计的新理念,并以此来加强公众对自然的更为深刻的认知。

图 4.23　第一年种植了 30 多万株小树苗　　　　图 4.24　20 年后的丛林景观,苏塞公园俯瞰

　　米歇尔·高哈汝为苏塞公园制定了一个长达几十年的发展演变框架(图 4.24)。根据树木的生态习性特点进行空间的布局规划,对于外围的密林区域,种植了大片的速生杨树,使其迅速地搭建起公园的整体框架系统;同时在速生林内部间植一些慢生树种,主要是法国当地的一些诸如橡树、榆树、七叶树等;再配植一些伴生树种,如椴树、鹅耳枥。在外围的速生树种生长寿命结束之前,其内部的慢生树则已经形成了一定的规模,最终营造一个稳定的自然植被演替群落。设计师将时间引入景观当中,给我们带来了一种全新的自然观念,从 1981 年开始建造,直到今天仍然还没有停止对苏塞公园进行持续的管理②。

　　除此之外,卢瓦都(le Roideau)溪流、苏塞(le Sausset)河以及萨维涅

　　①②　米歇尔·高哈汝发言,朱建宁评介. 米歇尔·高哈汝在中法园林文化论坛上的报告[J]. 中国园林,2007(04):61-68

湖(lac de Savigny)为丰富公园的生境提供了良好的条件,设计师结合场地中的水域空间种植了大量的水生植物(图 4.25),并在沿岸、小岛上种植乔木,进行空间围合与分隔,营造出带有乡村原野的沼泽地景观(图 4.26)。

图 4.25　长满水生植物的溪流　　图 4.26　充满诗意的乡村郊野景观

4.2.2　保护和发展动物栖息地系统

保护和发展动物栖息地系统能够丰富自然生态系统的生物多样性。在景观生态学和动物学等理论指导下,根据场地内潜在的动物种类的生活习性和迁徙特点,营造多样的生境类型,为动物提供多样化的栖息环境和活动区域,例如:林地及灌丛、缀花草地、高草及低草湿地、草滩、农田、水体等。他们为鸟类、鱼类、昆虫和小型哺乳动物等野生生物营造了潜在的适合觅食、筑巢、繁衍、迁徙的栖息环境。

位于伦敦西南部的伦敦湿地中心应用恢复生态学和景观生态学理论,在保护和发展动物栖息地系统,完善生态结构,建立稳定的、高效的、生物多样性丰富的湿地生态系统等方面提供了良好的典范。1989 年,随着伦敦整个城市供水改造项目的完成,位于巴恩斯的四个维多利亚水库就失去了存在的经济意义和社会意义,并将带来一系列的社会问题和环境问题。

然而幸运的是,这四个废弃的水库被一个叫做野生鸟类和湿地信托基金的国际慈善机构(Wildfowl and Wetlands Trust,WWT)看中,该机构耗资 2 500 万美元,对这个占地面积约 42.5 hm² 的地块提出了改造计划,并实施了一系列的工程措施,包括:种植树木 27 000 棵、水生植物 30 万株、疏浚淤泥、填埋土壤 40 万~50 万 m³……项目于 1995 年开始建造,到 2000 年建成并向公众开放。公园开放时,常年栖息和短期迁徙经过或来此过冬的鸟类约有 135 种,目前已上升至 180 多种。根据场地内的土壤结构、植被类型和各种鸟类栖息的特点进行科学的规划和管理,规划分割了 30 多片不同类型的湿地(图 4.27)。在湿地中,游人可以看到世界各个地区不同种类的野鸭、野鹅和天鹅等禽鸟,其中还包括中国的鸳鸯、匈牙利的硬尾鸭、亚洲花脸鸭等。湿地把野生动物带入了这个城市,也把这个城市中的人带入了大自然。伦敦湿地中心是世界上第一个在繁华大都市中心建造的湿地公园,同时它也是目前欧洲最好的城市野生动物观察中心(图 4.28)。

图 4.27　湿地的恢复大大改善了该地区的生态环境　　图 4.28　装备精良的观鸟者

　　除了动物栖息地之外,动物廊道的保护与营造同样需要我们关注。根据景观生态学理论,生境的破碎对物种的多样性及生存存在着极大的威胁,特别是在一些动物迁徙的关键通道上,人类活动一旦将这些自然生态系统的脆弱地带阻隔,动物就无法迁徙或面临非常大的危险,生境破碎化的结果往往使生境割裂、退化或丧失,并造成物种数量的减少和死亡率的增加,如公路、铁路等交通线路将原本完整的动物迁徙廊道彻底打断(图 4.29)。这些灰色基础设施的建设给动物廊道,特别是一些珍稀动物的生存与繁殖通道带来前所未有的挑战。

图 4.29　动物廊道被公路建设阻隔

2010 年，ARC 国际野生动物廊道设计竞赛选定了 HNTB 与迈克尔·凡·瓦肯堡事务所（Michael Van Valkenburgh & Associates，MVVA）制定的野生动物穿越设施的设计方案（图4.30），该项目位于科罗拉多州西韦尔 I－70 号公路（Colorado's West Vail Pass along I－70），目的是为公路两边的野生动物栖

图 4.30　HNTB 与迈克尔·凡·瓦肯堡事务所设计的动物迁徙廊桥

息地搭建一条互相穿越的动物通道设施。通过风景园林师、建筑师、工程师、生态学家、动物学家等跨学科领域专家的合作，该项目从廊道建设的可行性与维护，动物迁徙的特点和规律等方面做了全面的研究，并提出了安全、高效、经济、生态等多方面令人信服的解决方案，为北美的公路系统提供了一种架设野生动物迁徙廊道设施的典范。

为了应对快速城市化进程的威胁，我们需要建立并完善景观空间结构网络，增加廊道的环度和连接度，防止生境破碎或割裂，在人类城市化基础设施阻隔动物廊道的关键区域建立相应的迁徙廊桥或涵洞等动物穿越设施（图 4.31），保证野生动物迁徙的安全，从而保护生物多样性。

图 4.31　穿越道路的涵洞

4.2.3　基于人类需求的自然文化生态演进

理解人类所处的生态网络、认识局限性、正确衡量事物的能力，是完美并高效地协调人类欲望与自然承载力关系的能力（David orr，1944）。

自然的人化最核心的问题在于注重秩序、自然、空间组织、揭示各种土地利用的可持续性生态进程以及对场地历史的考虑，高效而又节约地使用自然资源，并提高社会、文化的恢复能力。

人类生态系统作为自然生态系统的扩展，是人类之间以及人类与其环境之间相互作用的结果。它包括以下四个层面的内容：人与人之间的社会关系；人与物之间的经济关系；人与场所之间的空间关系；人与自然之间的生态关系。早期的自然生态环境保护更多的是侧重于自然生态系统方面的引导和管理，而近年来随着人类需求的增加，人类的社会生活已基本侵入到自然生态系统的各个层面，并越来越表现出其文化属性的一面[①]。

4.2.3.1 农业生态系统管理

农业生态系统管理（Agriculture Ecosystem Management）是理解与组织整个地区的引导过程，其目标是保持该地区的可持续性和整体性（Slocombe，1998）。农业生态系统是由人管理的，用于生产食物等农副产品的生态系统（Conway，1987）。不同尺度下的农业生态系统（包括农田、林地、流域、基塘等）表现出形态各异的等级特征[②]（表 4.3）。在一些地区，由于粗放的城镇化进程使得原本就相对脆弱的农业生态系统呈现出文化生态退化的趋向。农业生态系统是由多个不同尺度下相互作用的斑块或廊道等生态区组成。也就是说较低级别的农业生态区成为较高级别的农业生态系统的结构单元（斑块或廊道），同时较高级别的农业生态系统则成为更大尺度的整体性农业景观（由斑块、廊道和基质构成）。

表 4.3 农业生态系统的等级特征

等　级	特　征	实　例
基本农业生态系统	单一作物群体及其所在的环境	单一林种、畜群、渔群
农田系统	特定区域农田中几种不同的作物群体及其环境（轮作制、间作制）	东北平原的玉米＋草木樨；小麦＋玉米间作
农林牧渔复合系统	特定的农业土地利用区域	珠江三角洲的基塘系统

---

① 李敏. 城市绿地系统与人居环境规划[M]. 北京：中国建筑工业出版社，1999
② 肖笃宁. 景观生态学(第二版)[M]. 北京：科学出版社，2010

等　级	特　征	实　例
农村生态系统	村屯系统及农林牧渔复合系统	聚落（畜舍、大棚、果园、池塘、农副产品加工厂）
小流域农业生态系统	特定小流域范围内包括若干农村生态系统	依较中尺度小河流、湖泊等水域而建的多个聚落
区域性农业生态系统	县、市、省等地区或区域性尺度更大、内容更为丰富的农业生态系统	太湖流域、长江三角洲等宏观农业区划生态系统

早在 18 世纪以前，世界各国在农耕文明为主的社会、文化、经济和艺术的影响下，形成了不同地域内容和风格的园林形式，其分布状况与当地气候、资源等自然环境基本吻合，并表现出一定的物候特征。风景园林中自然生态向人文生态演进主要也是应对自然干扰所带来的问题以及对其进行有效介入。比如：流域内的雨洪调蓄、山地梯田的水土保持、干旱地带的雨水收集、土地轮作、畜牧轮放、鱼塘等湿地生态系统的维持等。

作为人类适应自然的一种生产方式，工业化之前的农业生态系统与今天大规模城镇化背景下的农业生态系统在生态环境保护和地域文化身份认同方面具有不同的历史定位。工业革命之前人们面临的主要问题在于如何使自然演替进程中的生态区转化为农业生态系统；而在今天快速城镇化的过程中，许多面临荒废的农业生态系统都亟待得到保护与再生，对于这种承载着大量的文化遗产信息的人化自然需要我们进行重新认识和定位。

传统人类生产、生活的物质来源主要依赖于人类对自然环境进行有意识的生产活动。人们通过对自然演进历程及其运作机制的观察、调控和管理，使其具有高生产力、高稳定性，对自然环境副作用极少，并高效率地创造物质和社会价值。虽然当时自然科学与技术还没有发展与应用，但人们对农田中各种自然生态过程及其相互之间物质转换关系等生存经验的积累使得大量的自然物质形态完成了向适宜人类栖居的理想模式演进,这种传统的自然的人化过程是古人为我们留下的宝贵智慧和永久的历史文化遗产。例如:利用河道洪泛区改造成农田,低洼沼泽地改造成鱼塘,在一些荒山上建立梯田系统或果林等。

图 4.32　果基鱼塘生态系统

基塘系统是一个水陆相互作用的人工生态系统,它综合了陆地生态系统和淡水生态系统的特点,既具有初级生产力,又具有次级生产力(图 4.32)。同时,大量事实表明,在一定条件下,基塘系统内自维持、自恢复、自发展的功能,是各子系统生态因子相互调节的结果,充分反映出系统内水陆相互作用中所具有的边缘效应。因此,在系统的运行过程中,水陆资源获得充分利用,从而创造出更多的社会财富,产生更高的经济效益①。

基塘生态系统具有极为高效的物质、能量和生物群落的流动和变迁。土壤养分能够促进地面作物的生长,而塘泥则可以不断补充土壤的有机质和营养元素,鱼类则消耗了部分地面作物而排泄出粪便形成含有丰富营养物质的塘泥;地面矿物质等营养元素随雨水冲刷流经水生生物群落并被植物吸收;同时水生生物也可以作为鱼的养分(图 4.33)。基塘系统作为一种人工生态湿地不仅具有调节水分的能力,而且还能维持各个环节的养分供需平衡,不断促进土壤的更新,并同时具有良好的生态效益和经济效益。然而,作为一个人工生态系统,各个环节还必须通过人

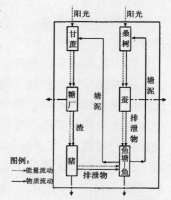

图 4.33　桑基鱼塘系统物质循环和能量流动示意图

---

① 肖笃宁.景观生态学(第二版)[M].北京:科学出版社,2010

工的调控,例如水分调节、塘泥清淤、水生动植物养殖量等等。

4.2.3.2 建立健全的水域自然文化生态系统

水域自然生态网络是流域内部各生态系统相互作用的过程,具有极其丰富的景观生态学特征,水域自然生态系统中的斑块、廊道和基质三大景观结构单元在不同时空尺度和等级下表现出复杂多样的土地类型。例如:河流、湖泊、河漫滩、溪流、洪泛区、湿地、林地、山谷、坑塘、水渠、集水区、雨水涵养地、植被、生物通道等。这些土地类型通过水的流动或交换将它们联系成为一个庞大的复杂自然生态系统网络。

对于水域自然文化生态系统而言,区域层次上的大河流域和地方层次上小河流域都是理想的分析单元,流域是一条河流及其支流的排水区或汇水区,较大的河流则被称作流域盆地,它是指区域内水、沉积物以及被溶解的物质沿着河道汇集的主要区域(Dunne and Leopold,1978)。流域洪泛区的生态系统结构是非常脆弱的,水文气候的变化很容易使这些敏感区域生态系统退化,此外人类过度开发(特别是城市建设向着河、湖逼近)直接改变了水域生态环境的景观结构趋于简化,导致洪泛区雨洪调蓄能力完全丧失。这些河漫滩、湖洲浅滩是水生、湿生植物(挺水植物、浮水植物和沉水植物)和两栖生物富集地带,植被、动物群落的景观结构趋向单一必将带来一系列连带效应,例如江河泥沙淤积导致河床抬高、调蓄能力下降、洲滩逐年增多、水质恶化、季节性雨水洪泛区系统紊乱、洪涝灾害严重等。

H. Decamps 认为,现在该用新观念分析河流生态学问题,应该发展流域景观生态学,他曾指出用生态学方法和概念研究流域生态学问题时会遇到的困难,并认为水文气象过程与陆地生态环境之间的相互作用在生态学方面的基本问题不能只通过研究小流域就可以解决。河流的研究,尤其不能忽视河流在流域生态系统中的重要性,并提出了河流统一体的概念。他试图建立起一个更为复杂的生态模型,以分析整个流域水文过程的空间异

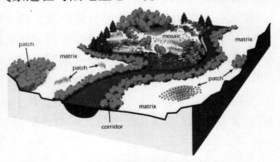

图 4.34　河流生态系统示意

质性以及它们随时间的动态演变过程（图4.34）①。对于存在水域空间的自然文化生态演进，不仅仅要研究场地中景观空间类型及其生态恢复（例如单个个体、种群和群落的生态修复），而且要研究组成自然文化生态系统的景观功能要素及其相互作用，构建一个区域完整的水域自然文化生态系统。

远古时期，河流冲积、湖滩区域形成的洪泛平原为人类生产、生活提供了良好的生存条件，人们利用洪泛区周期性调节洪水带来的丰富营养物质的泥土从事农作物的种植和渔猎生活，逐步形成了原始的农业自然经济。我国古代在利用自然于人类生存方面积累起了一整套顺应自然演变规律的自然文化生态理念，从而使许多文化遗产保持了上千年的自然生机与文化活力，甚至一直延续至今。

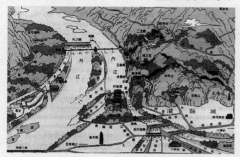

图4.35　都江堰水利工程示意图

始建于公元前256年左右的都江堰水利工程是人类顺应自然规律，最大限度地发挥自然价值的杰作。该工程是基于一种中国传统的普遍文化价值观和哲学思想之上的分疏治水的生态理念，它不仅从根本上解决了岷江多年来的洪涝灾害问题，而且李冰父子采用的无坝引水、自行排沙、灌溉的管理策略，为万亩良田解决了灌溉用水问题。他充分利用山形、水势、水流特性，将防洪、蓄水、灌溉、水运、蓄水、引水、分流、疏沙、泄洪等工程措施整合为一个系统工程（图4.35）②，为岷江周边地区创造了一个世世代代在此繁衍生息的良好自然环境。都江堰独特的"水文化"是中国古代人民智慧的结晶，被誉为"世界水利文化的鼻祖"（图4.36）。

李冰父子本着"深淘滩，低作堰"的原则对都江堰实施了三大主题工程，包括：用于分水、分沙的鱼嘴（分水堤，图4.37）；泄洪、排沙的飞沙堰（泄洪道，图4.38）；引水、输沙的宝瓶口（引水闸，图4.39）。一方面防止岷江大量泥沙带来的河床淤塞，同时也降低了洪水的冲击，最大限度地发

---

①　肖笃宁.景观生态学(第二版)〔M〕.北京:科学出版社,2010

②　参考"青城山—都江堰"申报世界文化遗产过程中的中方申报材料以及联合国世界遗产委员会评估材料的相关论述。

挥河洪调蓄功能；另一方面使洪水不得为患，保证了下游平原广大农田灌溉的用水需求①。

图 4.36　都江堰 2 000 多年水文化的见证

图 4.37　都江堰鱼嘴

图 4.38　都江堰飞沙堰

图 4.39　都江堰宝瓶口

都江堰水利工程的伟大在于，它在不破坏自然的前提下合理地利用自然，并为人类带来巨大的社会效益②。该工程作为一个综合水资源开发和流域生态资源管理的典范，对于 2 000 多年后的今天仍然具有极为重要的参考价值。现代水利设施往往过于依赖于工程技术的"先进"，忽视了其背后的人文内涵。大规模的水利工程都是简单的筑坝防洪，流域洪泛区通常被人们作为一种自然灾害现象而加以"治理"，将河道进行裁弯取直使其成为单一功能的泄洪渠道。人们对自然的理解与认知很大程度上决定了先进技术能否合理利用，否则，难以解决当前生态环境与城市建设之间的矛盾。

———————

①　李映发.世界文化遗产都江堰[J].文史知识，2001(07):49-52

②　唐永进."纪念都江堰建堰 2250 周年国际学术研讨会"述要[J].天府论坛，1994(03):88-91

4.3 自然生态系统及其演替进程的管理

4.3.1 景观异质性与自然生态系统的构成

景观空间异质性（Landscape Spatial Heterrogenety，图4.40）对自然生态系统，特别是大尺度生态过程的影响越来越受到人文地理学家的关注（R. Forman，1986）。其研究考察的对象是环境的空间格局，按照干扰的程度大致分为三类：建成景观（近郊区与城市）、干扰性景观（远郊区、乡村聚落、牧区、农业和自然休闲区域）以及自然

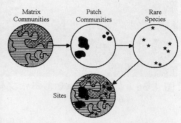

图4.40　场地中的基质群落、斑块群落和稀有种群

景观（基本上未经开发的区域）。其中，同一类中的分散的土地称为"斑块"；连接斑块之间的天然植被、河流等带状景观称为"廊道"；定义大型地块基础特征的景观为"基质"。这些作为景观生态系统的组成元素，主要为了能够更清晰的界定自然过程、人类活动的特征（图4.41）。

景观本身就是在各种干扰作用下形成的，具有特定结构、功能和动态特征的一种宏观系统。它是由于各种内生和外生营力的长期作用而产生的次生景观，在当代人类文化的影响下，一定程度地促成次生景观的进一步改变（也称为景观异化）。例如："沙漠变绿洲"、"绿地变荒原"、"高山变通途"、"高楼拔地起"、"高峡出平湖"等①。

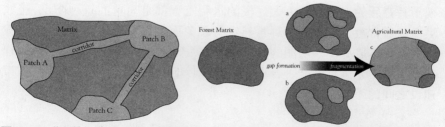

图4.41　"斑块—廊道—基质"结构示意　　　**图4.42　景观空间格局变化示意**

---

① 肖笃宁.景观生态学(第二版)[M].北京:科学出版社,2010

风景园林中自然生态向人文生态演进的研究,从其自然层面上来看,就是景观空间格局、景观异质性以及景观结构和功能之间关系的研究,即通过对自然环境、各种生物以及人类社会之间复杂的相互作用,使原来纯自然演化的景观空间格局向着健康、进化的人文景观生态格局发展,并维持一定的稳定性。景观空间格局的变化大致可以分为以下三种典型类型(图4.42):(1)某一种新景观要素变成基质,并取代了原来的基质;(2)几种景观要素的景观比例发生了变化;(3)一种新型的景观要素在景观系统内出现。自然文化演进过程中的物质和能量流动与物种迁移很大程度上取决于景观空间格局的稳定性与合理性。景观空间格局能够将不同的生态系统相互连接起来构成一个多功能的复杂网络。自然生态系统中单独廊道的建立增强了物种的迁移,并有利于形成一系列相互交叉连接的链或环。廊道作为动植物栖息地或迁徙路线,一方面对于生活在由廊道网络所包围的空间内的物种来说,是一个向外迁移的障碍;另一方面对于生活在廊道里的物种则可以借助廊道进行迁移。连接度和环度是自然景观与文化生态系统的重要特征。连接度越高就越有利于物质能量交换和物种迁移;环度越大其生态系统的稳定性或抗干扰能力也会随之增强。

对于自然进程的管理,我们要从区域尺度到地方尺度进行不同层次的调查工作。景观生态学家理查德·福尔曼(Richard Forman)认为,我们应该从全球范围思考,从区域范围规划,在地方范围实施(1995年)。确定不同层次的目的就是要将其作为一个更大系统的组成部分,同时也确立了三个相互联系的尺度等级:区域尺度、地方尺度和特定生态区,较小等级的整体则是更高等级的组成部分(Novikoff,1945)。例如一些演进尺度都以流域作为一个完整的"社会—经济—自然"复合生态系统,主要因为水的循环对景观生态系统的健康运转有着密切的关系。理查德·洛伦斯(Richard Lowrance)等人就提出将流域视为景观生态系统等级,更大的等级则是区域系统或宏观经济层次,最小的尺度等级则是农村系统或微观经济层次。伊恩·麦克哈格提出一种千层饼模式,总结出一套系统的核心生物物理元素,包括地表、地形、地下水、地表水、土壤、气候、植被、野生动物以及人类等。

在美国和德国等景观生态规划发展较为成熟的国家,景观生态规划作为他们国土规划的一项基础性国家建设工作。例如曼宁(Warren H. Manning,1860—1938)在20世纪初为全美国做的国土资源规划,它包括

图 4.43 全美国土景观规划

了国家公园系统、休憩娱乐区系统、城镇体系、高速公路系统和旅行步道系统。为国土尺度范围的景观生态系统建立起了一个基础性的框架体系，促使当时由工业化带来的不合理的生态经济结构向科学合理的生态经济结构转变，从根本上保证了整个国家景观生态系统结构的合理与稳定，也大大加强了局部区域景观的生产、自我调节、修复和再生能力。

景观规划师卡尔·斯坦尼兹（Carl Steinitz）和景观生态学家理查德·福尔曼（Richard Forman）等人对加利福尼亚州坎普·彭德尔顿地区进行景观研究的目的是为了探明在快速发展的加州南部地区，城市扩展和变化如何影响生物多样性[1]。研究将最先进的地理信息系统技术与景观生态学的最新理念结合在一起，同时使用了更大尺度等级和多尺度的方法探讨导致生物多样性变化的主要胁迫因子与城市化的发展有关（Carl Steinitz 等，1996），包括区域尺度、三级流域尺度、亚区尺度和特定的恢复项目尺度。对各地形、土壤、水文和植被等主要景观要素进行过程分析，总结出一套整体景观生态格局的要素及其运作机制。虽然自然因素和人类社会一直处于不断变化之中，但一定尺度下的景观生态格局具有一定的稳定性，调查分析结果显示坎普·彭德尔顿地区仍然保留着一些自然斑块和较小的跳板，并以河流和滨水植物廊道连接在一起（Carl Steinitz 等，1996）。

4.3.2 自然生态系统演进的原则与方法

自然生态系统演进是指通过分析场地中自然生态特征并对其作出相应的生态系统分类、生态系统评价，并提出推动场地向一种与自然和谐的人文景观演进的可行性与最优实施策略。其目的是引导场地自然恢复、资源保护与开发、经济、文化协调发展，从而促使整个场地及周边区域向

---

[1] ［美］弗雷德里克·斯坦纳（Frederick R. Steiner）著；周年兴译. 生命的景观——景观规划的生态学途径［M］. 北京：中国建筑工业出版社，2004

人与自然协调的方向演进。

　　基于景观生态的自然进程管理已经成为当前风景园林师内在的和本质的考虑。设计师对遵循自然的表现形式是多样的,具体到每个场地和区域,可能适合采用一种或几种生态设计策略。首先,依据场地中自然要素和人类活动的情况将一系列相互区别、各具特色的景观生态类型进行分类,结合场地内部的景观生态格局、分布规律、演替历程,探讨其生态关系网络以及在更大尺度范围的景观生态系统中的定位。然后通过景观生态设计的手法(即投入最少的能量与物质,获得最大的生态、经济和社会效益),引入不同特色的景观生态恢复策略,使其成为与人类社会发展需求协调的高效能景观。尊重自然发展过程,倡导物质循环、能源的有效利用以及场地的自我更新与维持都成为当前普遍流行的自然演进的操作策略与方法。例如:生态适应性策略、生态补偿性策略、生态恢复性策略、生态显露性策略等,这些生态规划策略与方法对自然生态系统的演进与管理具有很大的参考价值。

4.3.2.1　生态适应性策略

　　生态适应性策略是针对那些具有健康、进化的自然演替进程的场地而采用的手段之一。他们仍然保存有基本的景观要素和结构,其内部之间或与周边其它生态群落通过自然力的作用实现着能量、无机营养物质和物种的流动,并与外界环境共同构建了一个开放的自然生态系统。

　　作为一种文化价值观的体现,生态适应性策略实际上在传统的风景园林中极为普遍,在农耕文明下,人们对自然的介入不仅考虑到满足人的需求,同时也注重生态环境的保护与资源的可持续利用,既实现社会价值又保护自然价值,促进人与自然的共同繁荣与发展。也许我们可以认为,受当时生产力和科学技术的限制,人们对自然生态环境不得已而为之的一种适应性模式,一旦他们破坏了这种健康的、进化的自然生态系统,他们就很难对其进行恢复,只能另寻他处。当代社会的发展和科学技术的进步,为我们将过去那种"被动"的"适应"转化成为一种"主动"的"遵循"提供了可能。生态适应性策略首先肯定了自然生态系统内在的自我维持与更新,人类只有充分认识自然的作用并遵循自然的演进规律,才能最大限度地发挥自然的创造力。正如约翰·西蒙兹(John O. Simonds)在《景观设计学——场地规划与设计手册》中所阐述的那样,设计不是"想当然地重复流行的形式和材料,而要适合当地的景观、气候、土壤、劳动力状况等……将科学性与艺术性结合起来思考,并遵循自然的原则"①。

生态适应性策略带有极强的传统文化特色以及地方性的物候特征,其外在表现形式以及某些方法是在一定气候、生态环境下长期实践而积累起来的"适应性"经验,并自觉地维护、传承与发展。

4.3.2.2 生态补偿性策略

生态补偿性策略实际上是一种设计思维、理念或态度,它并不关注设计本身的形式。在设计的过程中有意识地考虑设计过程和结果对自然环境的破坏和影响尽可能减少的设计方式或设计措施,可称为"生态补偿设计"。它是一种追求生态设计的过程,并不强调设计的结果性,在设计中尽可能多的应用一项、几项或更多的"生态补偿设计"方法和措施,同时也有利于在进行这一方面的研究、探讨和试验中,明确目的和方法②。

生态补偿性策略在实践的应用中更多的是针对工业革命之后的风景园林更新,例如工业废弃地的植被再生就是将具有自我修复能力的自然过程从新引入场地当中,并将保留下来的场地元素重新利用。这种生态学框架和原理下的设计理念也可以称为一种新的自然观的认知模式。对于自然来说,基于人类需求的社会活动只可能是一种负面的干扰,而所谓的正面干扰或有利于自然进程的人类活动是相对而言的。也就是说,尽可能地减少对自然生态系统的影响,有意识的考虑自然演替进程就是具有生态补偿性策略的设计。

4.3.2.3 生态恢复性策略

生态恢复性策略是针对那些位于自然生态系统的"脆弱地带"或已遭到破坏的生态环境而进行的自然恢复与再生。美国生态学会对生态恢复提出了以下定义:生态恢复就是人们有目的地把原来受到一定程度干扰的土地恢复成一个生态进程良好的自然系统的过程。实际上,这一过程主要是尽可能地按照特定的生态系统功能、结构、景观多样性来进行人工的引导。

一般来说,自然生态系统都有着一定的自我维持能力或生态系统的稳定性,我们广为传颂的"野火烧不尽,春风吹又生"说的就是自然生态系

---

① John O. Simonds, Barry W. Starke. Landscape Architecture: A Manual of Environmental Planning and Design(fourth edition)[M]. McGraw-Hill Companies, Inc. 2006

② 周曦,李湛东. 生态设计新论——对生态设计的反思与再认识[M]. 南京:东南大学出版社,2003

统在受到一定的干扰后能够通过自然演替进程恢复到之前的状况,这种情况一直维持到工业革命的前夕。然而,当前人类活动已远远超过了历史上任何时期人们破坏生态环境的能力。人们开始反思自己的行为,并开始主动维护场地自然系统的演替进程。生态恢复性设计就是通过科学合理的人工调控和管理,使那些受到一定干扰的自然生态系统和人工生态系统演化成为一个具有资源可持续利用的健康、进化的生态系统,并满足人类的需求。

4.3.2.4 生态显露性策略

生态显露性设计策略,顾名思义,就是遵循、显露并阐述自然生态系统的现象、过程和关系的风景园林设计方法。目的是将复杂的自然生态系统及其演替过程显露出来,使其更容易被普通大众所理解,它能帮助我们关注人类在大地上留下的痕迹,并认清人类与自然之间的联系①。例如:自然植被演替进程的展示、雨洪管理系统的展示、雨水净化与收集的展示、动物廊道、栖息地的营造与展示、工业废弃地等污染源的治理与展示等。

以往有关自然生态系统的认识和理解仅限于景观生态学或地理学工作者的研究范围。随着全球生态环境保护意识的普及,普通民众也需要对自然生态环境的组成、演变、进化等有一个更为全面的认识。生态显露设计实际上起到了一个为大众普及生态教育的功能,通过提高全体人类的生态环保意识来呼唤所有人对大自然的了解与热爱。

4.3.3 自然生态系统的动态演替与稳定性

自然景观的结构由斑块、廊道和基质组成。基质是构成景观的基础(植被、土壤或地形),其面积在景观中有较大的比重,且具有高度连接性和环度,往往控制景观中的能量和物质的循环,在很大程度上决定景观的基本性质;而森林、草原、农田、水域、村落、荒地则是以斑块的形式,河流、峡谷、道路和防护林带则是以廊道的形式分布在景观基质上。然而,在时间和空间尺度上的不同,斑块、廊道和基质这三者是相互转化的。自然生态系统的演替,既包括自身的进化,也包括外界干扰而产生的变化。自然生态系统的自我进化是在经过上百万年的由简单到复杂,生物有低级到

---

① 俞孔坚,李迪华,吉庆萍. 景观与城市的生态设计:概念与原理[J]. 中国园林,2001(06):

3-10

高级的发展过程,这个方面我们已经达成共识,在此不做过多的讨论。而外界干扰(特别是人为干扰)通常能够在相对短的时间影响到景观生态格局的稳定性。人为活动一旦形成较为强烈的干扰,还会引发一系列的自然干扰,二者相互叠加之后将对景观生态系统产生颠覆性的变化。当然人为干扰具有可控性,将文化进程引入自然生态系统也是可行的,形成一个健康、进化的自然文化演进历程,目前这方面的研究已取得了一些阶段性成果。

自然景观组织是一定时空尺度和干扰等状态下,自然生态元素的功能耦合系统。它具有整体性、层次性、开放性、动态性和非平衡性的特征。它在内外不确定的环境中,通过对不确定环境的适应来实现自身的稳定性,同时它也处于不断运动变化之中,其运动变化规律受资源界限、生物和干扰因素与时空尺度的结合所制约①。随着人类社会一次又一次的科技革命,人类对自然生态环境的干预越来越大,对资源的不合理利用和开发,一旦超过了作为生命支持系统的自然环境承载力,一个良性循环的景观生态系统就"突变"成了生态退化景观,原有的景观稳定性也就不复存在了。

自然文化生态演进必须顺应自然的动态演替规律,根据景观组织的尺度、规模、演替速率、环境容量等时空尺度,促进自然物质与外界环境进行物质、能量交换,生命进化以及物种迁入和迁出,并实现自然环境与人类需求之间的相互适应。

生态系统的稳定性并不是要求景观永远保持其原有状态,即使是在没有受到外界干扰(包括自然干扰和人为干扰)的情况下,它也是一个动态的演替过程。因此我们所关心的并不是景观的恒定不变的状态。现有大量的风景园林实践都试图维持一个永恒的唯美状态,仅仅是将一块不是很美的场地改造成了一处基于理想美学风格的场地,其本质并没有改变。而是在一定运动范围内,沿着某个确定的轨道演进的整个动态过程或序列。如果超过这个演进范围或偏离了正常演进的轨道,则表明外界干扰超出了景观组织有限的抗干扰能力,导致自然环境恶化、文化价值丧失。

自然演替过程根据外界干扰的程度也分为具有自我恢复能力的自然生态演化和不具备恢复能力的自然生态演化(即景观组织受到严重干扰

---

① 肖笃宁.景观生态学(第二版)[M].北京:科学出版社,2010

后超过了自我恢复的阀值,景观组织就彻底解体)。例如城市周边的垃圾填埋场、大规模的城镇化建设、河道硬化等导致丧失依靠自然力进行自我更新的能力,这些场地的恢复则需要人为的有效介入,改变其自然状态并引导其向基于人类需求的生态系统演进。

自然文化生态系统通常都受到严重的外界干扰,并具有较低的种群密度,通过物理调节、生物修复等补偿手段能较快的恢复景观原有的状态,但再次抵抗外界干扰的能力就需要通过长期的景观结构演化,在这个时期内,我们要减少外界对它的不良干扰,保护区域内自然过程的连续性与稳定性。另外,提高景观异质性也能够吸收环境的干扰,表现出一定的抗干扰能力。通过对不确定性干扰的自我调节适应的过程,其动态演替机制来源于不断地与周边区域进行物质、能量和物种的交换。因此,开放性的自然生态系统才是保证自然文化生态系统动态演替及其稳定性的基础。

4.4 本章小结

本章主要根据自然生态系统的特点提出了针对性的人工干预措施,力图激发自然本身的潜在创造力,使得场地上的自然特征和文化遗存得以保留、延续并充分展现出一种自然的人文演进过程。

当今自然生态系统的严重退化彻底改变了人们对自然的认知。基于生态系统服务导向的自然演替进程管理作为一种科学合理的自然生态向人文生态演进理念已经成为世界各国普遍的人文价值观。

风景园林中自然生态向人文生态演进是以自然元素为基本创作素材,运用生态学的原理和方法,对原有场地自然生态系统进行科学和合理的干预,使其向一个健康、进化的方向发展和演进。这个过程反映了人们对自然的认知程度,并体现出人与自然的内在关联性。也就是说,人类在介入自然、引导自然进程的过程中浸含着一种文化的内涵。

因此,人们在遵循自然生态规律,改造自然的同时已经促使其具有物质属性的自然逐渐向着一种蕴含着人文属性的自然的方向演进,它就像一个有机的生命体不断生长、演化,并最终演变成作为一种文化形态而存在的"人化的自然"。

5 基于社会文化发生的自然生态向人文生态演进

> 劳动创造了人(有意识、有目的的社会的人),创造了人文的自然,创造了人的社会。在劳动的过程中,人的情感、理智、思维等各种被称之为人的本质的属性才得以产生、发展和演变。因此,社会劳动促使了人与自然之间本质的统一,它促使自然界焕发出人文活力,并实现了人的属性的自然主义以及自然的人本主义①。
>
> ——卡尔·马克思(Karl Marx)

5.1 基于社会文化发生的文化生成与演进原理

风景园林中自然生态向人文生态演进是人们适应环境的直接结果,它是复杂的自然过程、人文过程和人类的价值观在大地上的投影②。它是人类对自然的认知以及对自然的改造能力的体现,反映了不同时代背景下人类一切文化的生成及其社会关系。它包含三个方面的内容,即作为主体的人、作为客体的自然环境以及主客体相互作用的劳作或体验。文化的生成与演进过程是作为内在者的当地人的一种集体无意识的创造性行为,人们在使用的过程中展现其文化性。这种自下而上的感知体验和个体生存经验的自然流露是展现一个地区独特性的内在文化力量。

5.1.1 自然驱动力——物候特征的制约性

物候特征是一个地区最基础的文化表征形式,它直接或间接地影响着该地区城市、建筑、景观、社会习俗等所有的物质、精神文化活动。历史人文景观中的文化建构主要来自于对地区物候特征的适应性表达,源自

---

① 社会的发展促使了人与自然本质的统一,也即自然向人化自然的方向演进。引自:卡尔·马克思(Karl Marx)著. 1844 年经济学哲学手稿[M]. 北京:人民出版社,1984
② 俞孔坚. 景观的含义[J]. 时代建筑. 2002(01):14-17

本土的当地植被、材料、色彩、技术工艺与布局作为表达地方特征的主要途径，并呈现出一种具有时空跨度的延续性。强烈鲜明的物候特征是形成该地区最为核心的文化价值体系的自然环境动力机制。

然而，自然环境并没有主动形成各个地区带有独特文化属性的物候特征的能力；相反，自然对人类的社会活动是具有一定的约束力或制约性的，正是由于自然的这种制约性才形成了世界各地丰富多样的物候特征。

自然生态系统的多样性导致地域文化的多元与共生，不同地域自然生态条件的差异性是影响各个地区文化生态演进的关键因素之一，而不同地区跨文化的差异来源于早期人类对自然的一种生态适应性的认知表现。与中国相比，西方文化所处的自然生态环境和地理气候特征具有明显的差异，并在历史的某个时期会逐渐的强化。发源于古希腊文明的西方文化在以爱琴海为中心的希腊半岛及其周边岛屿达到了空前的成熟。这种基于地中海型气候和岛屿、半岛型地形地貌的自然物质条件下的文化基本成了几千年来欧洲文明的核心文化理念。而后来西方人强烈的对自然的征服欲望和占有欲望逐渐演化为一种扩张性文化，这种扩张性文化虽然表面上看来是"反自然"的行为，但它仍然是基于当时的自然物质条件下所生成的文化特征。

> 古希腊的景观是山岳、丘陵和岛屿，它们以清晰的形态跳出背景，每个小平原都有其自己的场所精神，神庙通常坐落于所在山冈或山脉的山口或山头上，它从那儿被挖掘出来，而且仍显得与山是如此的和谐，没有轴线式的道路将神庙固定在它所统领的人工环境之上……无论是神庙、剧场、广场和住宅，建筑都是附属于和从属于自然的景观。①

坐落于希腊圣托里尼岛（Santorini）火山口边缘的斐拉城（Thila）依形就势、高低错落的分布着密密麻麻的地域性建筑，整体以突显于自然环境的白色为基调，穿插一些粉红、黄等浅色，在没有破坏当地自然生态环境的前提下，极力强调西方文化背景下的这种人类对自然的创造力（图5.1）。在自然生态环境的制约性条件下创造出带有人类适应性经验的地域文化。由于特殊自然地理特征的影响，他们对于自然的认知和理解与生活在山谷、盆地、平原等地理地貌特征的文化区域有着显著的差异（图

---

① Geoffery and Susan Jellicoe 著；刘滨谊译. 图解人类景观——环境塑造史论[M]. 上海：同济大学出版社，2006

5.2），而这种文化的差异正是自然环境的制约性所带来的人类创造力的不同表现。

图 5.1 利用小岛地势、建筑色彩来突显人类的创造力（希腊圣托里尼岛上的小镇）

图 5.2 周边山势庇护下的村落，表现出顺应自然的创造力（江西婺源）

　　如果说聚落景观是人们在大自然的制约下所形成的一种带有地域物候特征的生活方式的展现；相比较，生产性景观则是人类为了满足生产的需要，在大地上进行劳作而形成的土地肌理。劳动人民依据以往的经验选择适合耕种的地方，并进行一定的改造与维护，目的是充分挖掘土地的潜力，使其具有持续、高效的生产力。例如：珠江三角洲的基塘系统是在季节性的洪泛平原上形成的景观，周期性的雨洪调蓄制约着当地大面积农作物的种植，人们在与洪水的长期斗争和适应的过程中，总结出了一系列的应对灾难的宝贵经验，形成了独具地方特色的桑基鱼塘、果基鱼塘、花基鱼塘等基塘系统景观（图 5.3）。同样，云贵高原受地形地貌的制约，从而形成了依据山形等高线而排布的水稻梯田景观（图 5.4）。

图 5.3 珠江三角洲的基塘系统

图 5.4 云贵高原梯田景观

　　另外，在时间的维度上，生产性景观作为一个动态变化的系统，与区域内广大的自然系统有着共同的发展演变规律。它们总是随着春夏秋冬而循环往复、兴衰存亡,到了第二年又开始展现出新一轮的活力。为了能更好地发挥自然的创造力,劳动人民针对当地自然环境的制约性总结出许多适应性经验,例如中国传统的二十四节气。这种人类智慧的力量为自然生态向人文生态演进提供了一种人文的驱动力。

然而,当代社会快速发展使得各地区之间的跨文化交流变得日益频繁,人类改造自然的能力也大大提升,与传统技术相比我们现有的介入自然的方式往往显得过于粗暴,并认为随着科学技术的发展人们已不需要那些遵循自然的生态经验,这使得当前全球自然环境、文化价值观都面临着急剧的退化。因此,人们又重新开始关注自然生态环境条件,包括地质、水文、气候、动植物栖息等,并结合当代景观生态学的发展,由过去人们不得不采取"被动"的顺应自然生态特征的方式,改为"主动"遵循场地自然物候条件,并努力寻求一种可持续的发展策略。另一方面,对于当前文化价值观的缺失,人们除了顺应自然之外,对于场地中遗留的文化形态也加以延续与传承。因为这些文化形态的生成与当地自然生态环境有着紧密的联系,它是场地物候特征的历史遗存。

5.1.2 人文驱动力——人类生存经验的适应性

风景园林的发展历程告诉我们,自然生态环境的地域特征在漫长的历史进程中表现得极为稳定,气候、地形地貌、土壤、水文等自然因素在促使人类社会文化生成的同时,对驱动地域文化持续向前演进方面总是表现的不明显,特别是在中国有着两千年的封建文明历史的社会文化结构呈现出一种极为缓慢的积累和成熟。在一些文化交流相对频繁的地区,文化价值的稳定性、同一性和持续性总是被异域文化的社会生活所打断,呈现出一定的流变性、断裂性和差异性。不同地域文化之间的跨文化交流以及历史发展的不确定性则可以为风景园林中自然生态向人文生态演进带来更为丰富的差异性,并促使其向一种理想的自然、文化生态系统演进。因此,人类除了获得自然生态环境的适应性经验外,其社会内部文化的交流对风景园林中自然生态向人文生态演进同样具有非常重要的意义。

中国云南沧源考古挖掘出的一幅岩画描绘了一个村落的图景,村落正中心的圆圈限定了村落的范围,包括其中的建筑、自然环境和牲畜。周边示意性的标识了许多人在道路上行进,似乎在狩猎和射杀,各具姿态,是一种类似甲骨文的符号,或许就是描写一个部落取得战争胜利后满载而归的情景。其中有舞蹈、赶牲畜、押俘虏,杀俘祭天等情节,人物众多,

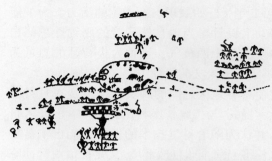

场面宏大,是一幅大型记事图画。图的下方有一人比其他人都大,他很可能具有某种特殊的社会身份,例如首领或者宗教祭司(图 5.5)①。当地居民的生存经验是这个区域独特的自然文化生态系统的重要组成部分,而他们的活动

图 5.5　云南沧源考古挖掘的《村落图》岩画

将这种物质形态的自然维度转化成了社会学和人类学视野中的文化维度。

原始人类在漫长的进化历程中,形成了一系列庇护、狩猎、社会交流、空间认知等生存经验②,他们这种原初的群体文化适应性呈现出一些相似的形态特征。例如:位于非洲喀麦隆地区的不同氏族聚落中间通常都布置一些重要的建筑、公共空间,以突显首领的地位、重要生活物品存放以及进行一些宗教活动(图 5.6,图 5.7)。这与云南沧源考古挖掘的《村落图》岩画具有同等的社会意义,在不同地域环境下却能够产生出相同的景观结构,并发展成为一套共同的文化图示。

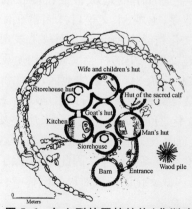

图 5.6　向心型的围护结构(非洲喀麦隆)

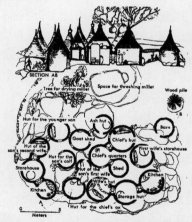

图 5.7　生态适应性下的单体形式(剖面)及其群落布局(非洲喀麦隆)

---

① 冯炜(William W. Feng)著;李开然译. 透视前后的空间体验与建构[M]. 南京:东南大学出版社,2009:33

② 俞孔坚编. 理想景观探源——风水的文化意义[M]. 北京:商务印书馆,1998:75

吴良镛的《人居环境科学导论》一书在四川冯家坝群落居住形态和美国明尼阿波利斯地区城市群空间形态的比较中发现：一定的自然地理条件下，两种截然不同的社会文化背景表现出了几乎共同的聚落形态。四川冯家坝村落环绕大片水田建设，上游水库、梯田、民居、大树、林地、豁口、小溪、池塘等布局显示着村落作为栖息地具有维护、屏蔽、隔离等功能特征（图5.8）；而美国芝加哥——明尼阿波利斯"环形城市"包围有一定规模的、必要的自然空间（图5.9），两者虽然尺度不一，但都蕴含着深刻的哲理①。

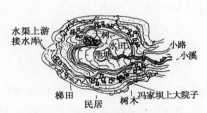

图5.8 四川冯家坝群落居住形态

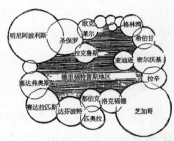

图5.9 美国明尼阿波利斯地区城市
群空间形态

由此，风景园林中自然生态向人文生态演进是人类日常生活场景中事件的内在规律，它所反映的不是单个事物的具体形象，而是它们之间的相互联系与演化关系。它揭示了一种人类文化的维度，这种文化行为表现了比自然景象本身更重要的文化意义，是一种叠加了文化属性的自然物质形态。约翰·西蒙兹（John O. Simonds）针对中国的天坛、圆明园，日本的龙安寺，法国的香榭丽舍大道等描绘了人们置身其中的体验，他认为②："人们设计要考虑的不是形式、空间、形象，而是体验（Experience），并根据其功能和体验进行形式的设计，以实现希望达到的效果。……真正的设计途径均来自一种体验，仅对人具有意义。我们的出发点都是为人而作，其目的是使其感觉方便、合适、愉快，并鼓舞人心，它是从整体经验中产生最佳关系的创造。"他强调的是一种当地人或景观参与者的生活经验的积累，设计体验是一种自上而下的主导因素和自下而上的自组织

① 吴良镛. 人居环境科学导论[M]. 北京：中国建筑工业出版社，2001

② John O. Simonds, Barry W. Starke. Landscape Architecture: A Manual of Environmental Planning and Design(fourth edition)[M]. McGraw-Hill Companies, Inc. 2006

过程的融合。

正如马克思所说,"人们自己创造自己的历史,但是他们并不是随心所欲地创造,并不是在他们自己选定的条件下毫无约束的创造,而是在直接碰到的、既定的、从过去继承下来的条件下创造。"①马克思在这句话中谈到的是人类历史与社会生活中的规律,强调人类社会的创造性活动具有一种自律性、他律性、制约性等客观规律。我们可以将马克思的这段话引申一下,即自然环境的这种制约性带给人的不是绝对的处于被动,人类的伟大之处在于遵循自然规律的同时能够充分发挥人的主观能动性,在人与自然相互"博弈"的过程中做到游刃有余,我们在一种受制约的自然环境中创造了制约我们的新的环境,而这种带有人类适应性经验的环境具有一种文化属性,展现了从自然生态向人文生态演进的过程。

5.1.3　文化叠合与文化还原

关于社会文化的发生与演进,我们可以从较大的时间跨度和历史的视野中来探讨。首先从历时性角度来看,历史文化景观在时间维度上是不断发展与演变的,并呈现出一种叠加的效果。随着人类社会不断地推陈出新,原有的历史文化并不会连根去除,在总体上呈现出一种消退景象的同时,经过人类的选择、转换并重新阐述与理解以后,依然被一层一层地重叠和整合在新的文化结构之中,这就造成了新旧文化之间的相互理解、协调、并存、让步的状态,这为原本长时期相对稳定的文化提供了更新的可能。另外,从跨文化交流的角度来看,异域文化的传播同样是促进文化演进的重要因素,不同地区文化之间的交流为原本单纯的地方文化提供了交叉融合,并形成多重文化层叠与整合的状态②。

在人类诞生之初,人就作为一种社会性的个体开始了将自然形态的物质转化成一种属人的物品这样一个探索过程。从早期人类基于生存经验的文化价值取向到农耕文明时期人类传统文化价值观的认同,以及在此基础之上产生的审美取向,再到近现代工业革命时期有关人类创造力的展现以及改造自然的西方文化价值观的普及,最后到当代这样一个多

---

① 卡尔·马克思(Karl Marx)著. 中央编译局译. 路易·波拿巴的五月十八日[M]. 北京:人民出版社,2001

② 朱炳祥."文化叠合"与"文化还原"[J].广西民族学院学报(哲学社会科学版),2000(11):2-7

元而复杂的社会文化价值观,每个时代下的社会场景都潜藏着一个庞杂的文化的生成与演进脉络,如建造的房屋、耕作的土地、渔猎、畜牧及其使用的工具、技术等人类生产、生活方式的发展与演变。因此,人类活动的介入是社会文化发生所必要的基本条件,形成了错综复杂的社会关系,并贯穿于整个自然生态向人文生态演进的历史进程之中。

依据以上分析,我们可以认为,风景园林中自然生态向人文生态演进的历史进程中存在着一种多重文化时空层叠整合的状态,我们需要采用"发生学还原"的方法,将共时态呈现在我们面前的文化特征还原到历时态中去,才能真实地展现出文化发展与演进的历史过程。对于今天风景园林的文化而言,我们应该在延续和维护现有文化的同时,并叠加新的当代文化,而不应该将最近的文化彻底抹去,以一种历史的怀旧情绪回到过去。我们是应该创造新的历史还是回到脱离现代人们生活的古代的文化符号中去? 毫无疑问,我们每个人都无时无刻不在创造自己的新的历史。

5.2 当代社会转型语境下的文化生成与演进

现代主义让我们更多地关注抽象的空间,并建立了一套抽象、理性的空间认知系统,以一种客观中立的图示语言描述出物质空间的形态,它去除了时间的维度和人的体验[①]。当代社会转型时期的后现代主义文化则重新建立起主客体之间的联系,引入了人的体验、时间、事件及其演变的过程。

当代社会文化呈现出后现代的复杂性和多元化的局面,当代风景园林作为一个社会过程,包括文化、经济和生态等。我们需要对文化进行重新审视,并挖掘当前被遗忘和低估的文化创造力,并重新发现、延续和展示风景园林中持续的文化生命力。当代社会文化正在转型的过程当中,一些先锋的设计师和理论家已经开始采用一种灵活、开放、包容性的设计策略以及社会组织方式来认知、表达当今的社会现实和文化现象。这为我们风景园林文化的生成与演进研究带来了积极的因素。

---

① 刘铨.当代城市空间认知的图示化探索[J].建筑师,2009(08):5-14

5.2.1 当代社会的人文生态环境

当代我国社会处在一个文化转型时期,西方文明以一种普世化价值观理念影响着世界上目前处于相对边缘的地区,同时,几乎所有的地区都在经历这一过程(图 5.10)。普世化现象虽然是人类的一种进步,同时也构成一种对地域文化价值的威胁或是一种微妙的破坏。同时受当代社会、科学、哲学、政治、经济等方面的影响,这种强势的普世化文明发生了极大的变革,展现出一种平庸的、均质化的消费语境,在某些区域表现得尤为突出(图 5.11)。这种全球化的进程对于基于地域特征的文化进程是一种强势文明对弱势文化的一种侵蚀和磨损(图 5.12)。

图 5.10　全球化　　　图 5.11　当代全球化引导下的消费文化

探索当代风景园林文化的生成与演进必须对现有的人文生态环境进行反思。保罗·里柯(Paul Ricoeur)在《普世文明与民族文化》中提到①,"看来似乎人类在 en masse(成批的)趋向一种基本的消费文化时,也 en masse 地被阻挡在一低级水平上。于是我们就面临着一个正在从欠发达状态升起的民族所面临的问题:为了走上现代化的道路,是否必须废除那些成为本民族 raison d'être(生存理由)的古老文化的过去? 于是就产生了一个悖论:一方面,它(该民族)应当扎根在过去的土壤,锻造一种民族精神,并且在殖民主义性格面前重新展现这种精神和文化的复兴;然而,为了参与现代文明,它又必须接受科学的、技术的和政治的理性,往往要求简单和纯粹地放弃整个文化的过去,每个文化都不能抵御和吸收现代

---

① 参见:K 弗兰普敦著;张钦楠译. 现代建筑:一部批判的历史[M]. 北京:生活·读书·新知三联书店,2004

文明的冲击。由此，我们应该如何成为现代的而又回归源泉；如何复兴一个古老与昏睡的文明，而又参与普世的文明。"

图5.12　西方强势文明对地域文化的侵蚀

然而，在这个城市化与科技深入到所有人生活的时代，依然有一些人，在地球的某些地方，用自给自足和与自然共生的方式延续着自己的文化。80年代初，弗兰普顿认为批判性的地域主义将全面地"建构自己将要继承的世界文化系列"。批判的地域主义的中心原则，是"对一片地方而不是对某个空间的承诺"，它反对"一个在将来的发展中可能普遍采用的'飞地'模式——也就是说，那些没有当地的内容、只有外国情趣的消费主义的碎片整合，因为当它们在组合碎片的瞬间就已经遭到了质疑"。然而，批判性地域主义"只对小的，而不是大的规划有利"，这些零零星星的在文化的裂缝中繁荣着，从这些缝隙中我们可以清楚地看到欧洲与美国完全不同的情景。因此，许多地方文化并不因全球化而消退或被侵蚀，反倒呈现出一种跨文化的交流与融合，比较成功的有巴西风景园林师布雷·马克思和墨西哥的路易斯·巴拉甘。弗兰普顿把这些边界性的标志描述为"自由的缝隙"。人们对于自然与文化关系的认识逐渐由以往工业时代下对自然物质资源的片面追求转向了一种强调系统而多元的可持续文化价值观（表5.1）[①]。

表5.1　传统功能主义文化认知体系与迈向信息社会的文化认知体系观点比较

认知体系领域	传统功能主义知识体系	迈向信息社会的知识体系
经济环境	民族经济与跨国经济	区域化与全球经济
技术背景	工业技术	信息技术为代表的高新技术群落
价值体系	工具理性	工具理性与价值理性并重

　　① 侯鑫. 基于文化生态学的城市空间理论——以天津、青岛、大连研究为例[M]. 南京：东南大学出版社，2006

认知体系领域	传统功能主义知识体系	迈向信息社会的知识体系
关注核心	经济快速发展	人类社会可持续发展
思维模式	分析为主	分析与综合并重
科学发展	工程技术科学为主	"软科学"（自然科学与社会科学不断融合）
研究方法	分析理论、科学实验方法	控制论、混沌理论、突变理论、模糊理论
人与自然关系	对立,"征服自然"	和谐,"天人合一"
精神状态	濒于丧失精神家园	迈向诗意的栖居

5.2.2 引入景观参与者的视角

人的思维活动取决于个体体验,那种总揽全局的抽象视角无法建立起参与者的心理感知和景观可识别性。人们对景观中自然元素的感知必须建立在主客体相互作用的基础之上。在过去,绝大多数景观的创造者和使用者是统一的,许多创造的灵感来源于自身生活的经验,景观参与者成为景观生成的主体,通过一个使用者的微观视角置身于景观当中,感知并引导风景园林中的自然进程和文化进程。正如马克思所说,"劳动,是一个永恒发展的历史过程,是人作为主体和客体具体地历史地统一的过程。人的属性是劳动的产物。"①这里的劳动实际上指的是广义上的人的体验过程。

20 世纪 60 年代"情境主义"(Situationism)的代表人物居伊·德波(Guy Debord)主要关注的是人们日常生活的感受。他将一种穿过各种各样的生活环境的快速旅行的方法或技巧称之为"漂移"(法语 dérive),并探索在漂移过程中的日常生活体验。这也是情境主义者(Situationsists)的基本实践之一。漂移区别于传统意义上的旅游的概念,漂移体验所描绘的地图不再是一个精确描绘稳定陆地的问题,而是描绘变化着的

---

① 这里的"劳动"指的是一种人的体验,是一种人与自然之间的互动过程。它在"自然的人化"过程中起着关键性的作用。参见:卡尔·马克思(Karl Marx).1844 年经济学哲学手稿[M].北京:人民出版社,1984

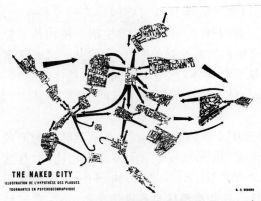

图 5.13　居伊·德波"裸露的城市",1959 年

建筑和城市生活问题①。

居伊·德波将人的主观感受取代强权的意识形态,反对那种自上而下的现代主义功能分区和抽象的实证主义,强调瞬间记忆的片段和个人激情出现的一刹那。他所描绘的一幅名为"裸露的城市"(The naked city)(图 5.13)②的巴黎地图摒弃了我们常用的客观中立的鸟瞰视角,采用了一种具体到个人丰富生活中的习惯体验的碎片化拼贴。例如,我们平常生活在问路中所说的"步行 30 分钟的路程"并不是精确的长度单位,而是我们生活过程中步行体验所感知的一种经验的表述。

自然生态向人文生态演进是人在场所中生存、体验并感知其文化内涵及意义的过程中形成的。著名的人文地理学者段义孚(Yi-Fu Tuan)对土地与人的情感之间的联系进行了深入的研究,并称之为一种"恋地情结"(Topophilia,1974)。他在《空间和场所》(Space and Place)一书中提到,人类具备直立行走之后,这种行动能力将其周围的空间赋予了文化内涵,成为场所。这种由客观抽象的物质空间向具有体验、知

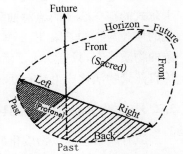

图 5.14　以身体为中心的时空结构

觉的精神场所的转变实际上就是自然生态向人文生态演进理念的本质特征之一。同时,梅洛·庞蒂(Merleau-Ponty)认为,身体既不属于客观世

---

① 居伊·德波(Guy Debord),法国哲学家、电影导演。1967 年出版代表作《景象的社会》(*La société du spectacle*),成为国际情境主义(Situationist International,简称 SI)的创始人和理论贡献者。他对现代西方社会持激烈批评态度,其思想曾对 1968 年的法国青年学生运动"五月风暴"产生过巨大影响。[法]居伊·德波. 王昭风译. 景观社会[M]. 南京:南京大学出版社,2007:105,109

② Simon Sadler. The Situationist City[M]. Cambridge:The MIT Press, 1999

界也不属于主观世界。我们可以通过转换视点而获得外部世界的全貌，但我们通常过于关注视觉形态，而忽视了身体在日常生活中的体验。除了物质空间之外，人类身体本身也包含着原始的时间，它使某一过去和某一将来为某一当下存在，它不是一个物体，它产生时间而不是接受时间。《周礼·考工记》中的空间随着身体的展开而赋予了时间的维度，从左到右，从前至后（图5.14）①。

关于理解文化的生成与演进中个体体验的介入和美学范畴下的形式之间的差别，冯炜在他的博士论文《透视前后的空间体验与建构》中有这么一段描述②：在一次《园林认知考察》课上，笔者（冯炜）和一组学生在一座以假山著名的园林中测绘，假山在这座园林里占据了很大面积，空间极为复杂，我们常用的平、立、剖图纸很难表述这种关系。枯燥测绘很容易让学生对此失去兴趣，于是学生们开始捉迷藏，半个小时后，他们便基本掌握了整个假山的空间布局，何处可以容身，何处相互瞭望。学生们以身体的介入、感知与体验将假山彻底地"测量"了一遍。这种通过主体的介入来建立意义的过程是人类从文化的角度去体验自然，它去除了那种笛卡尔式的孤立客体的绝对抽象，将自然物质形态的假山转变成了一种文化的体验与感知。因此，那些脱离建造、劳作、事件的自然只能是客观抽象的物质形态，只有加入了活生生的生活体验才能将这些有关尺度、材料等自然景物演化成为具有社会属性的文化景观。

5.2.3 文化生成与演进中具体情境的建立

原有风景园林以物质化的绝对空间形态变化作为文化演进的载体，或者从历史景观中抽取不同的文化符号或元素以体现物质形态的差异性。而新的认知模式需要将人类生活中所感知的一切自然景象及其动态的演变过程纳入风景园林的客体当中。在新的、流动的和短暂的场所中突出场地中某些潜在的因素，关注那些不确定的事物随连续的变化进程而产生演变，例如：地形、风、季节、雨水、阳光、侵蚀和沉积，通过巧妙的设计策略感知这些"生命实体"的精妙③。

---

①② 冯炜（William W. Feng）著；李开然译. 透视前后的空间体验与建构[M]. 南京：东南大学出版社，2009：34-37

③ James Corner, Alex S. MacLean. Taking Measures Across the American Landscape[M]. New Haven, Conn：Yale University Press, 1996

20 世纪 60—70 年代兴起的大地艺术（Land Art 或 Earthworks）为场地中具体情境的建立提供了丰富的灵感来源。大地艺术家热衷于在荒无人烟的旷野、滩涂、峡谷、公共建筑等自然物质形态的材料中，并采用一种独特的视角，创造出一种令人震撼的巨大尺度或视觉效果，为我们生活在当代城市文化和商业社会的人们找回一丝自然的神秘和生存的自由。

著名大地艺术家克里斯托和让娜·克劳德（Christo and Jeanne Claude）夫妇创作了一系列极具颠覆性的大地艺术作品，包括：1980—1983 年在迈阿密的"被环绕的群岛"（Surrounded Islands）、1975—1985 年在巴黎的"包裹新桥"（Wrapped Pont Neuf）、1972—1976 年在加利福尼亚的"飞奔的栅篱"（Running Fence）（图 5.15）、1971—1995 年的"包裹德国柏林议会大厦"（Wrapped Reichstag）以及 1970—1972 年在科罗拉多州的"大峡谷的垂帘"（Valley Curtain）（图 5.16）等。这些作品充分利用了自然的元素（土地、峡谷、风、建筑、树林、海洋等），通过对自然进程的管理，将原本远离人们视线的陌生的事物重新带回人们的视野，为人类和自然之间建立起一道灵魂沟通的桥梁。

图 5.15 "飞奔的栅篱"　　　　图 5.16 "大峡谷的垂帘"

法国工程师查尔斯·约瑟夫·米纳德（Charles Joseph Minard）的叙事地图（图 5.17）通过图示语言生动的描述了拿破仑 1812—1813 年冬季远征俄罗斯的情景①。地图以个人的时空经验（军队规模、地点、战役时间、行军方向、地形、天气、温度的变化）为线索，组织成一个多角度的连续性情境体验。图中带宽的减少表示军队人员的缩减。下面的黑线显示在

① Edward R. Tufte. The Visual Display of Quantitative Information（Second Edition）[M]. Cheshire：Graphics Press，2001

向波兰撤退的寒冷冬季中军队人员的连续减少①。

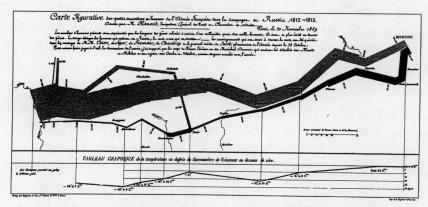

图 5.17　查尔斯·约瑟夫·米纳德的叙事地图,1861 年

这是一种自下而上的自我体认的方式,不基于统一的和一成不变的完型,而是感觉的聚合物以及转瞬即逝的灵感,关注个人细微体验。这种空间和时间模糊、灵活而短暂的连续状态激发了一种潜在的景观生成模式。也就是说,即时的情境体验替代了客观形式的空间体验,从人的活动,自然景象,时间的延续及其动态关系等各个方面阐述了景观的变化过程,并挖掘它们之间的潜在关联性。

5.2.4　景观参与者与具体情境的互动交流

随着全球化时代的到来,徜徉在知识的海洋中的人们能够做任何他们过去想做而无法完成的事情,原有赋予人类生命的灵魂和激情逐渐被一次又一次的科技革命冲淡了。在风景园林将文化符号附会于大批量物质形态的生产过程中,原有场地中主客体之间的联系就丧失了,去除了一种灵性的神秘色彩。W. 本雅明定义"Aura"为艺术作品和认识主体之间存在的距离,它是真实价值置于世界上唯一存在的客体的结果。Aura 来自对客体的机械重建和展示以及重新修补其价值的过程。是一种带有灵性的氛围。风景园林中的"Aura"是建立起人与自然之间的联系②。当代

---

① James Corner. The Agency of Mapping: Speculation, Critique and Invention. In: Denis Cosgrove(ed). Mappings[M]. London: Reaktion Books Ltd, 1999

② [美]詹姆斯·科纳著;吴琨,韩晓晔译. 论当代景观建筑学的复兴[M].北京:中国建筑工业出版社,2008

消费主义社会下的复制品与原创作品虽然在表现形式上是一样的,但复制品失去了"Aura"精神,表现出一种媚俗的状态。在当下城市化快速发展的浪潮中,人们不只是远离了自然,而且还面临着地域文化和社会生活的消退。

当代风景园林往往以一个预设性目标作为设计的最终成果,并以一个永恒不变的完整形态来塑造场地的标志性。然而在现实生活中,完形往往不堪一击,景观会不断地调整更新。因此,风景园林中参与者思想的交流尤为重要,体验、交流的过程比形态的最终结果更具吸引力。这种体验和交流不是一个固定的和被动的结果,它永远都是积极的、发展变化着的过程,并充满临时性、复杂性和不确定性。

特别是在一些公共的、边缘的废弃场地,必须强调事件的组织,关注事件是如何运作并随时间如何发展变化。具体情境的建立让我们在个体体验的过程中受到启发,人类必须与自然建立紧密的联系。约瑟夫·博伊斯(Joseph Beuys)曾说过,"艺术要生存下去,也只有向上和神、和天使,向下和动物和土地连结为一体时,才可能有出路。"[①]他强调的是一种自由而互动的交流,并试图重建一种信仰,重建人与人,人与物以及人与自然的亲和关系。例如:荷兰 West8 事务所阿德里安·高伊策(Adriaan Geuze)在位于 Zeeland 的东斯尔德大坝(Eastern Scheldt Storm Surge Barrier)项目里(图 5.18),利用当地蚌养殖场废弃的贝壳,处理成黑白相间的条带。将原来的工业地变成了海鸟以此作为伪装的栖息地。极富视觉冲击力的黑白相间的蚌壳带成为了人与海鸟关联性的纽带,营造出了一处理想的人类观察海鸟以及为那些濒临灭绝的海鸟提供繁殖、栖息的充满生机的景观[②]。

---

① 约瑟夫·博伊斯(Joseph Beuys,1921—1986 年),出生在德国莱茵河下游的克列弗尔德(Krefeld)。被认为是 20 世纪 70、80 年代欧洲前卫艺术最有影响的领导人。他作为雕塑家、事件美术家、"宗教头头"和幻想家,变成了后现代主义的欧洲美术世界中的最有影响的人物。这在某种程度上是由于他那种具有以赛亚精神的仁慈性格。在博伊斯看来,暴力是一切罪恶的根源,他反对以暴力去争取和平。而艺术则被他认为具有革命潜力,艺术创新是促进社会复兴的无害的乌托邦。博伊斯正是这样试图用艺术去重建一种信仰,重建人与人,人与物以及人与自然的亲和关系。博伊斯曾说过,"艺术要生存下去,也只有向上和神和天使,向下和动物和土地连结为一体时,才可能有出路"。他认为人应该保护大自然,并与动物结为一体。博伊斯始终认为作为黄教僧的美术家和作为图腾的动物之间有一种特殊关系,他表现这种信仰的最著名的形象是 1965 年的事件作品《如何向死兔子解释图画》。

② 王向荣,林箐.西方现代景观设计的理论与实践[M].北京:中国建筑工业出版社,2002:267-269

然而幸运的是,今天的社会看起来更像是一个具有一些基本特点、而又充满差异的复杂社会。那些具有统治意义的、理想化的、客观化的景观每天都在被打破;生活的现实总是将那些像标本一样的固定模式激活。正如地理学家乔纳森·史密斯(Jonathan Smith)解释的那样,景观的"耐久性"(durability)和自主性使其物质的外观不断远离其创作时的效果和景象,通过这一取代使"它失去了刻意的污点并且呈现为纯粹的自然"①。换句话说,随着时间的流逝,景观逐渐褪去了人工的痕迹而获得了一种自然天成的面貌②。

图5.18　泽兰东斯尔德大坝,荷兰,1992年

　　人在塑造环境的同时环境也在塑造人。景观在刚建成的时候往往处于一个非常不成熟的阶段,在基于个人体验的文化演进过程中,情境不是一个抽象概念,也不是一种凝固状态,而是一种非常具有潜力的持续变化的过程。人类主观思维的情境体验需要通过人们在参与和使用并随时间逐渐演变的过程中获得。具体情境的设计必须以独立的观念和灵活的策略来进行文化交流;以多种感知的维度来深入了解场地中的事物及其变化;以参与者的角度来捕捉日常生活中的既定场景。设计者引导了一种持续发展的策略,将这种持续变化的即时景观(Instant Landscape)融合成为一个发展的互动模式,在体验的过程中激发景观的创造力。正如巴

---

　　①　Jonathan Smith. The Lie That Blinds: Destabilizing the Text of Landscape. In Place/wltare/Representation,78－92

　　②　[美]詹姆斯·科纳著;吴琨,韩晓晔译.论当代景观建筑学的复兴[M].北京:中国建筑工业出版社,2008

尔塔沙·葛拉西安(Baltasar Gracián)的《智慧书》①里所说,"我们除了时间(无家可归者的享有和体验)之外,没有任何可称其为自己的东西"。葛拉西安将时间定义为无家可归者的享有和体验,认为这种持续性的时空体验才是人类生活中本质的体现。

5.3　自然生态向人文生态演进中的本然·应然·已然之辨

　　能让我把你领到一个山湖的岸边么？这儿天空蔚蓝,湖水清绿,一切都显得格外的和平与宁静。山岭和云彩反映在湖面上,还有房屋、农场、庭院和教堂。他们不像是人工的创造,而更像上帝作坊里的产品,就像山岭、树木、云彩和蓝天一样。所有这一切都洋溢着美丽和平静。

　　啊,这是什么？和谐中的一个错误音符,就像一条不受欢迎的小溪。在那些不是人造而是上帝创作的农舍之间出现了一座别墅。这是否是一名高超的建筑师的作品呢？我不知道,只知道那和平、宁静和美丽都不复存在了。

　　于是我要再问:为什么无论高超或蹩脚的建筑师都要侵犯湖泊呢？就像几乎所有城市居民一样,建筑师也没有文化。他们没有农民的保障,对于农民,这种文化是天赋的,而城市居民则是暴发户。

　　我所谓的文化,指的是人的内心与外形的平衡,只有它才能保证合理的思想和行动。②

——阿道夫·路斯(Adolf Loos)

---

① 巴尔塔沙·葛拉西安(Baltasar Gracián, 1601—1658 年),是 17 世纪西班牙作家、哲学家、思想家、耶稣会教士。1647 年,巅峰之作《智慧书》问世。该著作对人生世俗和人性的洞察极为深刻,独一无二,语言表达曲折多姿,在谈论道德问题方面更是出色和精微,显示出巴尔塔沙·葛拉西安杰出的智慧与颖悟。他的思想对许多欧洲著名道德伦理学家以及德国 17—18 世纪的宫廷文学和 19 世纪的哲学产生了重要的影响。[西]葛拉西安著;王涌芬译. 智慧书[M]. 北京:中央编译出版社,2009

② 阿道夫·路斯(Adolf Loos)于 1910 年发表的批判性文章《建筑学》中的一段话。参考:K. 弗兰普敦著;张钦楠译. 现代建筑:一部批判的历史[M]. 北京:生活·读书·新知三联书店,2004

5.3.1 本然·应然·已然之辨

本然

本来面目,无始之原有,天地人物之本原①。

应然

对价值的判断,按照常理应当是或者理应怎样②。

已然

对事实的陈述,已经这样,已经成为事实。

本然·应然·已然三者之间的辨析实际上涉及生态价值观和环境伦理学的问题。20 世纪 70 年代中期,在关于人与自然的关系以及面对生态危机人类应如何重新审视自己的价值与自己的行为等问题上取得了新的突破。主要表现为以罗尔斯顿和泰勒所主张的客观非人类中心内在价值论以及考利科特所倡导的主观非人类中心内在价值论。非人类中心价值论者认为:人不是唯一的评价主体,所有的生物都从自身的角度评价、选择并利用周围环境,它们都把自身理解为一种好的存在,把自己理解为一个目的。因此,就算人类消失了,大自然仍然存在着内在价值。而大自然的这种内在价值具有非凡的创造性,它使自然生态系统中的每一个个体都努力通过对环境的主动适应来获得自身的生存和发展,同时它们之间也形成了一个复杂的协同、竞争和发展的创造性系统,这些个体组成的群体效应使得它们朝向健康、多元的方向演进。也就是说,自然的内在价值不依赖人的价值评判而客观存在。

著名的哲学难题"休谟法则"认为用逻辑分析的方法无法从科学事实"是"中推导出价值"应当"。从生态学规律和当前我们面临的生态环境问题这一科学事实中虽然不能推导出生态道德的应当来,但它能够决定人可以做什么和不可以做什么。那么当前我们面临的全球性生态环境问题就不需要改善吗? 当然不是! 人类对自然的认识是一个不断深化发展的过程,从某种意义上来说人类认识自然的局限性是导致生态环境问题的直接原因,人类过去那种掠夺式开发自然资源以获得经济价值以及今天

---

① 中国伊斯兰教哲学概念。参见:宛耀宾主编. 中国伊斯兰百科全书[M]. 成都:四川辞书出版社,2007

② 著名的休谟(David Hume)问题(能否从实然推出应然)中的概念。参见:韩东屏. 实然·应然·可然——关于休谟问题的一种新思考[J]. 汉江论坛,2003(11):57-62

一些人倡导的"生态环境决定论"其实都只是自然生态系统内在价值中的某一个方面。自然的人化实际上是在全面认识自然内在价值的创造性并协调生态、经济、社会、文化等当代多元价值观,本质上其实是将人作为自然的一部分,充分发挥其内在价值的创造性,使得人类能够在地球上更长久、更理想的栖居。

5.3.2 绝对观念的乌托邦·个体原真性生命体验

风景园林作为人类千百年来介入自然的历时态自然进程和文化进程的共时态呈现,是先辈们原真性(Echtheit)生命体验的自然流露。他一方面让自然做功来引导自然进程;另一方面通过个体生活经验的发生、叠合、交流来引导文化进程①。这种巧妙处理自然的延续和文化的变迁不仅保证了自然生态环境自我更新,还促使其持续文化生命力的日渐彰显。

然而,我国当代风景园林被今天这样一个充满绝对观念的乌托邦世界所主导②。他们不从场地特征和风景园林本身出发,将一些运作良好的场地特征彻底根除,并刻意表现出当前充满特权的"应然"——形式化的生态元素和文化符号。从柏拉图的理想国、欧文的"新协和村"到马克思、列宁的共产主义理想,再到柯布西耶的现代主义城市规划、《雅典宪章》,这些无不是当今绝对观念的乌托邦的历史渊源。它们是当时社会知识分子人文主义思想下的产物,其初衷是为了建立一套自上而下的行动纲领,引领着我们向他们预设好的"美好愿景"前进!然而,20 世纪 60 年代,罗伯特·文丘里(Robert Venturi)在《建筑的复杂性与矛盾性》(*Complexity and Contradiction in Architecture*)一书中倡导的后现代主义开始对这种乌托邦理念进行反思,在毫无文化气息的社区争取生活的意义,重新引入社会环境的复杂性与矛盾性,使人们的日常生活焕发新的活力。在该思潮的推动下,现代主义代表作——PruittIgoe 公寓群由于其存在严重的社会问题于 1972 年 7 月被炸毁,这标志着现代主义已经死亡(图 5.19,图 5.20),西方社会文化已经开始向后现代多元化的文化价值观转型。

---

① 朱炳祥. "文化叠合"与"文化还原"[J]. 广西民族学院学报(哲学社会科学版),2000 (11):2-7

② 充满消费奇观的景象社会。[法]居伊·德波著;王昭风译. 景观社会[M]. 南京:南京大学出版社,2007:105,109

图 5.19 1955 年山崎实设计 图 5.20 1972 年，PruittIgoe 公寓群被炸毁
的 PruittIgoe 公寓群 　　　　　　标志着现代主义的死亡

　　遗憾的是，我国现有的风景园林仍然充斥着大量的符号化的文化元素，这种观念中的文化符号并不来源于场地。与此同时，传统的东方儒家文化背景下的中央集权政治更加突显了这种乌托邦理想，在国外由于民主社会背景下而难以实现的现代主义乌托邦观念，前些年仍然在我国大规模的城市化进程中上演。这不得不引人深思！

　　个体原真性生命体验与笛卡尔坐标系下的永恒状态不同的是，前者是一个处在历史范畴下存在着多样性的矛盾与复杂演进历程，而后者是一个崇尚绝对观念乌托邦的超验理想。前文已经运用文化发生学的角度分析了当前文化的表达是各个时期文化历时性叠加的共时性展现。风景园林自然生态向人文生态演进历史中的自然干扰与人为干扰作为文化发生的一部分也将纳入到风景园林文化表达中来，它将导致对自然文化的意义及认知模式发生转变，它从社会学意义上构建了自然文化演进的引导者、参与者以及自然环境之间的关系，同时也否定了现有形式上的视觉审美理想。

　　由冯纪忠先生设计的上海松江方塔园及其建筑设计（何陋轩）在中国当代景观中可谓是独树一帜。冯先生以他细致入微的体认方式去感知自然变化、人的活动和时间的流逝。在纵横交错的自然变化和历史事件之中，构筑了一系列时空经验的踪迹。

　　方塔园设计不是以一种逻辑的次序展示物质空间的错落变化，而采用了一种松散却又自成体系的宽松结构，将个体体验容纳进一系列不连续的历史时空当中。唐经幢、宋方塔、石桥、元清真寺、明砖雕照壁、大仓桥以及多处厅堂楼阁等,都独立完整、各具性格,似乎谦挹自若,互不隶属,逸散偶然①。在每一个具体情境的细节当中再现历史的瞬间,人们漫步于一个个碎片化的历史瞬间,并在这些瞬间延伸出来的情境当中去捕捉个人最真实的生活场景。拐过一片茂密的竹林,看到的是一道镂空的弧形砖墙,爬满了植物,经过时间的洗礼,显得有些"破旧"。砖墙后面伸出茅草屋顶,走过砖墙,小路斜着进

图 5.21　何陋轩入口处的镂空砖墙

入茅草屋(图 5.21),下几级台阶,此时光线暗了下来,坐下并细细打量着场地中的环境及其变化。

在一系列的体验过程中,时空经验的感知也许是我们唯一的认知工具。何陋轩及周边景物的自由组织给我们留下了深刻的印象,然而建筑的形象及其场地围合的空间关系却始终无法完整的描述,因为场地中没有一个可以总揽全局的视角来记录建筑的外观造型及周边场地的形态。一段段不连续的弧墙,互成角度、多层叠落的台基,多向展开的弧形屋脊与檐口,地形错落开合……(图 5.22,图 5.23)。设计者去除其空间形式上的符号化认知,将建筑、场地、时间及自然变化的足迹统统纳入游览者的原始记忆当中。

图 5.22　何陋轩局部(成 30°,60° 叠落的台基)

图 5.23　弧墙、小路和台基留下的青苔痕迹

①　冯纪忠. 何陋轩答客问[J]. 世界建筑导报,2008(03):14(本文首刊于时代建筑 1988 年第 3 期)

我们会对弧墙上多年留下的痕迹充满情感,而对具有明确作用的东西产生厌恶。经过风吹日晒长满青苔的砖墙呈现出一种历史时间的厚重感,时间的积淀和历史感的捕获唤起我们平常生活中微弱事物的潜在印象,与宋塔、明壁等历史文物共同诠释了冯纪忠先生"与古为新"的思想①。设计者关于微观事物中时空经验的自然流露将这一思想发挥到了极致。哪怕是建筑内部的支撑结构都是模糊不定的,其屋架结构的交接点漆上黑色,杆件中段漆白(图 5.24),变得漂浮起来而难以琢磨,为的是削弱其整体结构的清晰度,独立自由地展开具体的情境交流,关注微观事物的持续变化,并建立人的内在经验与外在自然的联系。游览者每次来到这里都会有一种时空转换的全新体验。

图 5.24 何陋轩(弧形屋脊与漂浮的支撑杆件)

何陋轩给我们带来的是一种稍纵即逝的时空体验,以具体的、清晰的、实实在在的体认方式去把握那些由细微的自然景象所唤起的诗意心境。正如冯纪忠先生给我们描述的那样,"说着说着,日影西移,弧墙段上,来时亮处现在暗了,来时暗处现在亮了,花墙闪烁,竹林摇曳,光、暗、阴、影,由黑到灰,由灰到白,构成了墨分五彩的动画,同步地平添了几分空间不确定性质。于是,相与离座,过小桥,上土坡,俯望竹轩,见茅草覆顶,弧脊如新月。"②这种体验已经远远超出了建筑形象的范畴,设计者通

① "与古为新","为"是"成为",不是"为了",为了新是不对的,它是很自然的,它是与古为新。与古前面还有个 Subject 主词,主词是"今"啊,是"今"与"古"为"新",也就是说今的东西可以和古的东西在一起成为新的,这样一个意思就对了。摘自:冯纪忠. 冯纪忠语录[J]. 世界建筑导报,2008(03):22(本文重刊于华中建筑 2010 年第 3 期《与古为新——谈方塔园规划与何陋轩设计》)

② 冯纪忠. 何陋轩答客问[J]. 世界建筑导报,2008(03):14(本文首刊于时代建筑 1988 年第 3 期)

过对生命栖居过程的追寻，为景观参与者构筑了一种自然变化与人类活动进行时空交流的情境。

方塔园设计已经过去20多年了，作为一个现代公园，既不隶属于某种风格，也不刻意去反对某种风格，你很难用风格流派去将它归类。堑道和石板桥的错落凹凸以及压低的屋檐等这些具体情境的设计看似毫无章法，其实别有用心（图5.25～图5.27）。设计者无意涉足那些造型艺术，而更加关注的

图 5.25　堑道的高低起落

是独立的个体体验，他那自由嬉戏①的建构行为脱离了形式风格的牢笼，游离在各种绝对观念与思潮之外②。其生动的文化表达方式和情境组织技巧让我们重新关注那些平常生活中的细微事物以及它们之间的潜在变化，以生活踪迹的叠印来表达多元而复杂的社会现实。

图 5.26　何陋轩局部（压低屋檐，把视
　　　　　线下引）

图 5.27　随意错开的石板桥

由此，我们不难理解曾经热衷的许多思潮，今天看来却非常片面；而一些曾经远离人们视线的作品，在经历了时间的洗礼后，却闪烁着迷人的

①　"嬉戏"一词是借用居伊·德波的《景观社会》中对漂移（dérive）的阐述，认为漂移是一种穿过各种各样周围环境的快速旅行的方法或技巧，包括幽默嬉戏的建构行为和心理地理学（psycho geographical）的感受意识，因此，是完全不同于经典的旅游或散步概念的。参见：［法］居伊·德波著；王昭风译.景观社会［M］.南京：南京大学出版社，2007：105

②　周榕.时间的棋局与幸存者的维度——从松江方塔园回望中国建筑30年［J］.时代建筑，2009（03）：24-27

光芒①。只有极少数的设计者通过文化发生的现象学还原,回归到事物的"本然",并在这样一个焦虑、浮躁的社会获得一份淡定与从容。

5.3.3　话语权·话语体系

当前,一些人为了争夺业界话语权而将某一观点夸大到伦理学的高度(如环境伦理、社会伦理),使"已然"走向"应然",去除其"本然"。从伦理学立场提出的对现实的估价和对未来的设计,就有可能是蛮横的断言,而理论本身则可能沦为精致而无理的道德宣传。正如柏拉图所说的那样:"城市的核心是卫城,并在其周围建立起一圈坚固的城墙。"他所强调的是话语的绝对理性和清晰的秩序,它压制了人们日常生活中的多样性与丰富性,铲除了个体自然生长的动力,是一种自上而下的绝对权力控制力的体现。

从现代建筑以一种"救世主"的姿态倡导人人享有平等、均质化的绝对空间这样一个"应然"的理性乌托邦、功能主义城市到今天环境决定论、低碳的科学技术乌托邦,他们在巨大的建设浪潮中急于自我文化身份的定位,标榜自己,并极力迎合当前生态、文化等时尚趣味②。这些自上而下的主观设定给我们处在"已然"状态下的平凡个体建立起一个强大清晰的观念世界。也就是说,我们被植入了一个本不属于我们自己的新的意念,我们没有了自由,我们坠入了"应然"的梦境,我们的意念被窃取,我们的梦被盗了!

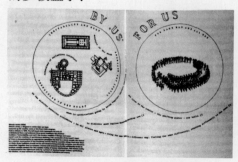

图 5.28　荷兰建筑师阿尔多·凡·艾克认为要为我们自己的生活而设计

在这样一个物进人退的消费文化语境下,理论建构远远落后于实践,现有的话语无法解析当下中国风景园林的现实。争夺话语特权或许是少数人给大多数人植入意念(Inception)最直接的方式。对于符号胜过实物、副本胜过原本、表象胜过现实、现象胜过本质的这个时代……真理被认为

①　王向荣,林箐.现代景观的价值取向[J].中国园林,2003(01):4-11
②　周榕.时间的棋局与幸存者的维度——从松江方塔园回望中国建筑 30 年[J].时代建筑,2009(03):24-27

是亵渎神明的,只有幻象才是神圣的①。

至此!我们有必要建立一套能够解析当代中国风景园林的话语体系,让每一个独立的平凡个体从当前多层梦境中一步步醒来,并拥有多元而独立的话语权(图5.28)!

5.3.4 持续文化生命力的日渐彰显

阿尔瓦·阿尔托(Alvar Aalto)对建筑创作过程有着独到的观点,对此,他曾于1947年在《鲑鱼和山川》一文中加以叙述:"我要补充一点,即建筑和它的细部与生物学有联系。它们好像大鲑鱼或大鳟鱼。它们不是在出生时就成熟的,它们甚至不是在其正常生存的海洋或水体里出生的,而是在距离它们得以正常生长的环境数百英里之外的地方,那儿没有大江,只有小川,只有山间闪烁的水体。……像人的精神生活和直觉远离人们的日常生活一样,它远离了正常的环境。既然鱼卵发育成熟需要时间,我们的思想世界的发展和结晶也需要时间。建筑学甚至比其他任何一种创造性劳动更需要这种时间。"②

现代风景园林的形式是当今讨论最多的话题,似乎总是逃脱不了对形式的模仿或反叛。对古典的批判发展成了现代,对现代的批评又发展成了后现代,后现代又包含了很多古典的复兴和新理性主义。正如在古代野蛮的社会中文明总是一个美好的东西,受到大家的追求并为之奋斗;在现代这样一个文明的社会,荒野和原始自然成为人们理想中的景观受到越来越多的人的顶礼膜拜。今天看起来比较平常的事物若干年后或许成为经典;而在今天这个时代潮流下被捧为标志性的事物,经历了短暂的繁华之后终归于烟消云散。有一句阿拉伯古谚语:万物害怕时间,时间害怕金字塔。也就是说只有时间才是检验风景园林文化生命力的唯一标准。

那些基于物候特征的农田、聚落等文化景观是千百年来人们在土地上的生存活动所留下的印记,是个体生存经验的适应性的体现。这种并

---

① 《基督教的本质》1843年第二版序言。参见:[德]费尔巴哈著;荣震华译. 基督教的本质[M]. 北京:商务印书馆,1997

② 阿尔瓦·阿尔托(Alvar Aalto)《鲑鱼和山川》,1947年。参考:刘先觉. 阿尔瓦·阿尔托——国外著名建筑师丛书[M]. 北京:中国建筑工业出版社,1998

不依靠外在形式的景观具有一种持续的文化生命力,能够适应人类社会的发展而不断地向前演进。在今天这样一个科学技术高度发达的社会,大多数人都认为这种"低技术"的景观是如此的美好且具有诗意,并将这种理想的景观作为人类诗意的栖居。

当然这并不是要倡导历史主义情节并怀念过去的美好。只是在感慨"物是人非"的时候越来越没有了底气。因为,我们生活中大量的风景园林只能是"人是物非",许多风景园林仅仅作为时代潮流下的产物,很快失去了其文化生命力,跟不上时间的步伐进而被时间所抛弃。

持续的文化生命力是将人化自然中自然生态向人文生态演进作为一种有机生命组织形式的内在体现,是文化人类学中日常生活的支持程度,包括自然环境的可持续性,人类精神生活感知以及整个文化生态系统的健康、稳定。自然的人化是人与人之间、人与场所之间相互交织、相互促进的过程,这种细枝末节的文化活力以及文化生活的多样性,使得风景园林中文化生命力得以彰显,并带动周边地区复兴。

5.4 本章小结

本章从文化人类学和社会学等视野出发,通过对人类栖居环境建设的文化生成和演进机制作了系统的阐述,并解析了传统社会中人化自然的形成以及自然生态受人类活动干预所呈现的文化遗产属性。自然生态向人文生态演进的历程是在基于自然特征的基础之上表现出的一种人类生存的适应性的过程,在这个漫长的过程中人们不断地延续、积淀,并演绎出一处处伟大的文化景观遗产。

风景园林中自然生态向人文生态演进始终都是与当时社会、文化、政治和经济的发展紧密联系在一起的。人类文化的演进都是建立在原有的文化基础之上经过选择性的延续、转换并重新阐释其内涵,它是一种多重文化叠合的状态。当代社会正处于一个社会转型的语境当中,原本就是多元共生的文化在当代社会显得更为复杂多样。

回顾 20 世纪欧洲的思想发展史:从 30 年代的现象学运动,50 年代的语言学转向,60 年代的新左派运动,70 年代的结构批评,直至 80 年代的后现代论战……似乎是在一系列对传统的批判中进行的。原本现代主义构建起来的清晰秩序随着波普艺术、观念艺术的发展而变得混沌、模糊、无序、复杂且充满了矛盾性。传统的轴线、对称、均衡等一系列景观形式美的标准似乎仍然存在,或许是为了适应当代复杂而多元的社会现实而越来越少被提及。设计师以一种实验性的先锋姿态对已有审美的反叛和现有观念的颠覆,取而代之的是非线性的系统组成的复杂性综合体。这些思想和文化价值观极大地影响了风景园林的发展,正是这些对世界的认知方式改变着我们对自然的认知以及介入自然的方式。

因此,本章的最后针对自然生态向人文生态演进过程中的话语权的问题进行了详细的探讨,试图对演进过程中文化价值的来源进行剖析。本书认为那个曾经充满自然诗意的生活世界才是当前我们所缺失的文化价值理念,这不仅是先辈们在前工业社会漫长的生存经验的积累所给予我们的伟大智慧;同时也是工业化社会时期,人类所走的弯路或历史教训给予我们的警示,并彻底转变了人们对自然的认识,最终走向一条与自然和谐的发展道路。

6 融合区域与城市发展的自然生态向人文生态演进

城市或许是人类营造的最为庞大而复杂的作品之一。它作为一个活的有机体,通常都超出了我们力所能及的范围而生长着,从来没有完成,更没有确切的形态,就像一个没有终点的旅程。城市的演化可能上升到伟大的程度也可能沦落到消亡的境地。城市景观是历史与文化的物化形态,是人类智慧的集中体现。如果没有恰当的规划和管理,则会成为社会弊病的容垢之所①。正如路易斯·芒福德(Lewis Munford)在《城市文化》(*The Culture of Cities*)一书中所说②,"在区域范围内保持一个绿化环境,这对城市文化来说是极为重要的。一旦这个环境被损坏、被掠夺、被消灭,那么城市也就随之而衰退,因为这两者的关系是共存共亡的。重新占领这片绿色环境,使其重新美化、充满生机,并使之成为一个平衡的社会生活的重要价值源泉。"

实践证明,良好的风景园林建设有助于提升城市等级,特别是在扭转城市中心地区和边缘区域的衰败,加速城市更新与再生等方面具有非常大的潜力。从奥姆斯特德的纽约中央公园开始,到彼得·拉茨的杜伊斯堡北部公园,再到慕尼黑里姆(Riem)新区和刚建成的高线公园,设计师将自然过程引入更为复杂的城市过程,大大拓展了风景园林的研究领域,逐渐成为一种引导城市衰败地区复兴、推动旅游发展、促进城市新区建设、完善绿色开放空间的新途径。它们在城市中的社会角色已经发生了巨大的转变,并发挥着不可估量的作用。

---

① 联合国人居署编著;吴志强译制组译制. 和谐城市:2008—2009 年世界城市状况报告[M]. 北京:中国建筑工业出版社,2008

② [美]路易斯·芒福德(Lewis Munford)著;宋俊岭译. 城市文化[M]. 北京:中国建筑工业出版社,2009

6.1 "自然—城市—文化"的综合演进

随着城市化进程的加速,世界上大多数人都将生活在城市及周边城镇。一个充满活力的城市在当代社会发展过程中显得日益重要。城市景观中自然生态系统以及文化系统不仅要顺应当代城市发展的需求,更要在社会、科学、艺术、经济等诸多因素之间寻求平衡,在符合科学和生态的原则的同时,也承担了振兴区域经济、复兴城市文化的重任。原来自然和文化作为城市中两个独立层面的演变过程到今天"自然—城市—文化"的综合演进模式,密切交错的各种基础设施(如林地、住宅、工业、娱乐、商业、水域、农田……)组合成了一种具有生产功能的"混杂的地景"(Hybrid Landscape)。它被认为能够组织复杂的城市地段、生态系统和设施,并为改变现代主义固有的中央集权式的僵化机制提供了一种新的选择和可能性①。

6.1.1 从构成形式到运作过程的概念转换

城市是一个融合自然系统和社会系统的高速运转的综合体。一个运转良好的城市既有健康、进化的自然生态系统,也散发着浓郁的人文生活气息。因此,那种单纯追求城市绿地面积以及单一地进行城市功能分区不能够满足当前复杂的城市形态下的运作要求。现实表明,单纯追求城市绿地率,将导致城市逐步郊区化,新的没有人文气息的、可达性差的城市绿地侵占了城市的土地资源。于是,城市只能扩大城市规模、蚕食城市周边郊区土地,而城市的功能分区也破坏了城市的尺度,各种"城市病"也由此而生。

相比传统的农耕社会,近现代社会受工业革命的影响,其社会变革往往急剧而又彻底。西方社会文明下的人与自然二元对立的神话在一次次的科技革命过程中达到了顶峰,特别是在现代主义建筑、功能主义城市(图 6.1,图 6.2)中表现尤为突出。在风景园林领域,由芒福德·罗宾逊(Mulford Robinson)于 1903 年提出的"城市美化"思想在一定程度上继承了以上思想,其直接来源于 1893 年美国芝加哥的世界博览会。其中著名的本杰明·富兰克林花园大道就是在这种思想下产生的(图 6.3,

---

① James Corner. Terra Fluxus. In: Charles Waledheim(ed). The Landscape Urbanism Reader [M]. New York: Princeton Architectural Press, 2006:21−33

图 6.4）。它在当时对美国城市整体空间形象的塑造具有一定的积极意义。但随着社会的发展，城市问题变得越来越复杂，特别是社会文化发生了巨大的变革，这种单一的追求城市形象的规划思想在美国大约兴盛了十几年，之后很快就被历史淘汰了，取而代之的是更为复杂的基于生态美学的城市复兴理论。

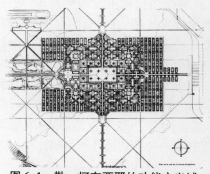

图 6.1 勒·柯布西耶的功能主义城市设想

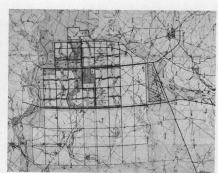

图 6.2 印度昌迪加尔新城规划

图 6.3 费城本杰明·富兰克林公园大道平面

图 6.4 公园大道实景

回溯人类社会的变迁与发展历史，城市的物质形态及其内部运作方式与社会的发展和技术的进步基本吻合，不同时代城市特征的演进反映了各个历史时期人类改造社会的能力以及社会文化价值观的转变历程（表 6.1）。随着科学技术的迅速发展，当代社会的价值观发生了深刻变革，这导致了其城市发展的形态也呈现出完全不同的运作模式（图 6.5）。

表 6.1　不同时代城市特征的演进

演进内容	城市性质		
	农业时代的城市	工业时代的城市	信息时代的城市
自然资源利用	物质资源	能量资源	信息与生态资源
人文资源交流	村落单位	城市单位、地域单位	"地球村"
物质形态构成	泥、木、石、砖	混凝土、钢、玻璃	生物、复合材料、绿色材料
技术水平	手工技术	机械技术、适宜技术	信息技术、生态技术
产业结构	以农业、手工业劳动为主	以规模化生产为主体，后期重心转向第三产业	信息产业异军突起，带动一系列新兴产业的发展
城市功能	物资集散中心	工业制造中心、商业贸易中心	信息流通中心、管理服务中心

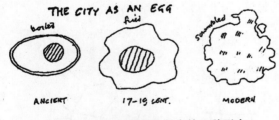

图 6.5　城市发展历程中的三种形态

农业时代的城市主要是通过人类的直观感知来获取相关经验，其构成形式主要来源于自身的劳作体验，是当地人类活动过程中自然流露出的文化痕迹；在工业时代，城市以规模化机器大生产为主导，这种机械的理性主义去除了人的感知体验，导致地方文化被单一化、绝对化和理想化；而在信息化时代，信息技术、生态技术使得人类社会转向了一种更为现实的后现代文化价值观，重新以人的体验取代机器的生产。兼顾城市发展中的多种因素，并建立起一种科学的（scientific）、经验主义的（empirical）和启发式的（heuristic）操作系统和运作方式。

传统城市景观的营造往往受制于所谓"形式"的意图，大量的工程只为了精美的形式和审美的趣味。然而，当代景观被理解为城市中众多生产实体之一，它与其他城市设施一样，承载着大量的人类活动和城市事件。原来自然物质形态的表达逐渐演变为一种引导事件的发生与管理策略的过程，并以此推动"自然—城市—文化"的综合演进。因此，你无法将这种城市景观进行简单的形式归类或描述，我们只能从"它运作起来怎样"来取代原有"看起来怎样"的评判方式。这种新的理解方式将景观作为城市多种生产过程中的一种，并以此来实现区域与城市复兴①。

雷姆·库哈斯（Rem Kool-haas）对当今大都市区目前所处的状态有着他独到的看法，他将城市解读为一种单纯的"景"（SCAPE）②，认为建筑、城市、基础设施和景观都是无差别的综合体（图6.6）。与传统景观作为描述性的审美理想相比，它不是各种形式的美学综合，而是形式背后的运作过程和介入社会的工具，通过物质

图6.6　库哈斯将城市简单地解读为"景"

生产模式来展现社会和政治结构。因此，原来作为审美表现的景观客体演变成一种作为生产系统的景观（图6.7）。

18世纪巴洛克园林

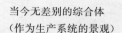
19世纪画境园林

当今无差别的综合体
（作为生产系统的景观）

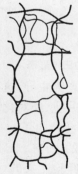

图6.7　不同运作模式下的景观

---

①　[美]詹姆斯·科纳著；吴琨，韩晓晔译. 论当代景观建筑学的复兴[M]. 北京：中国建筑工业出版社，2008

②　Charles Waledheim. The Landscape Urbanism Reader [M]. New York：Princeton Architectural Press，2006

同时,詹姆斯·科纳(James Corner)认为景观不是一个形式美的东西,而应强调景观体验和连续的变化进程,我们的工作就是以最简单的手段实现复杂的转变。风景园林作为一种栖居的环境,其文化内涵是通过长期的使用接触、使用和参与其中而获得。我们不是去创造一种怀旧主义情节的景观,既不提倡人类重新回到农耕生活也不主张功能主义,而是主张一种通过参与和使用随时间逐渐体验的亲密感的回归①。

6.1.2 作为引导区域与城市复兴的触媒

城市触媒的概念是美国城市设计师韦恩·奥托和唐·洛干在20世纪末提出的有关引导城市开发的城市设计理论②。指的是结合城市发展的过程性,提出一种激发和引导城市活力的建设策略。当前大多数的城市风景园林开发项目只是为了增加绿地面积或建设新社区,而对于自然生态网络、城市开放空间布局、社区文化生活品质以及形成新的经济增长点却没有充分的考虑。城市触媒是将风景园林中自然文化演进作为激发和创造富有活力区域与城市的催化剂,例如改善场地周边的自然要素、积极的旧城复兴、维护原有的文化特征与可识别性、整合城市绿色空间等。

从区域与城市土地使用的角度来观察,那些保护城市周边乡村聚落、多产的农业生态系统、野生动植物的栖息地和生物多样性的措施在限制城市无序蔓延、防止快速城市化进程带来的自然文化生态系统退化方面已取得了显著成效。这种限制可以通过有效的自然文化生态演进和填入式开发得到实现。芝加哥和许多其他大都市的实践已经证明,城市景观的自然文化演进在复兴老的城市社区(工业用地、弃置土地、垃圾填埋区等)以及利用城市周边废弃场地建设新的城市聚居点的过程中,自然生态系统的恢复不仅可以改善城市人工环境,而且还能够作为一种刺激地区经济发展、提升城市生活文化的手段③。美国生物学家爱德华·威尔森(Wilson Osborne Edward)同样认为:"对于自然文化遗产地保护的过程

---

① [美]詹姆斯·科纳著;吴琨,韩晓晔译.论当代景观建筑学的复兴[M].北京:中国建筑工业出版社,2008

② [美]韦恩·奥托,唐·洛干著;王劭芳译.美国都市建筑——城市设计的触媒[M].台北:创新出版社,1995

③ Charles J. Kibert. Reshaping the Built Environment: Ecology, Ethics, and Economics [M]. Washington, D.C.: Island Press,1999

中，自然文化生态演进将能够扭转快速城镇化进程中的自然文化退化现象。即使在高度人工化的城市环境里，通过对林地、绿色廊道、河流、湖泊及其流域范围内的自然资源进行合理布局，仍然能够很好地恢复场地内自然生态系统的多样性。明智的景观设计不但能实现经济效益和美观，同时能很好地保护生物和自然。"①

2009 年 5 月 13 日，詹姆斯·科纳在纽约现代艺术博物馆（MOMA）的一个讨论会上与迈克尔·范·瓦肯伯格（Michael Van Valkenburgh）、乔治·哈格里夫斯（George Hargreaves）等当代先锋设计师对 21 世纪景观与城市设计发展趋势进行了探讨。在他看来，今天的大多数景观在城市中的角色主要体现在以下三个层面②：（1）生态层面，集合大尺度的景观，在城市区域尺度作为生态容器并连接成为具有复杂功能的生态系统，包括废弃地更新、植物修复、耕种城市土壤、雨洪管理，能源收集以及为动植物提供栖息地等；（2）社会层面，挖掘场地内独特的景观特征，提升文化景观的价值，同时引入 21 世纪新城市文化理念，为改善人们的身心健康提供绿色开放空间；（3）经济层面，景观作为重要的经济驱动方式，能够为城市发展带来巨大的经济价值，特别是为周边地块的发展带来复兴与活力。

除了探讨当代城市景观，科纳也以景观驱动城市更新的视角来重新理解 19、20 世纪一些大尺度城市景观。奥姆斯特德（Olmsted）的纽约中央公园设计之初的意图在于缓和曼哈顿冷漠的都市环境，然而中央公园给周边区域所带来的不仅仅是环境的改善，它的成功在于它作为区域发展的催化剂带动了周边房地产的开发，给当地带来难以衡量的社会、文化和经济效益。毫无疑问，中央公园是景观驱动了城市形成的典型案例③。对于像波士顿"翡翠项链"这样的现代都市景观，除了它的美学价值和表现空间，科纳更为看重的是其作为生态环境和绿色廊道的功能，因为这样的绿色基础设施能够为城市居民的健康和社会经济发展扮演重要的角色。将景观作为一种大规模的环境改造和更新过程，在传统生态规划方

① Wilson, Osborne Edward. The Diversity of Life[M]. Cambridge：The Belknap Press of Harvard University Press, 1992

② Alex Ulam. Back on Track——Bold Design Moves Transform a Defunct Railroad into a 21st-Century Park[J]. Landscape Architecture, 2009(10)：90 - 109

③ James Corner. Terra Fluxus. In：Charles Waledheim(ed). The Landscape Urbanism Reader[M]. New York：Princeton Architectural Press, 2006：21 - 33

法的基础上引入 21 世纪新的城市文化理念,探索与自然互动的、可持续的景观管理模式。

6.1.2.1 区域与城市自然环境的平衡

城市中自然生态系统在区域与城市发展的过程中往往受到多方因素的制约而破坏了它们之间的平衡,进而使风景园林中自然文化演化失衡。城市中的河流、湖泊、风景林地等绿色空间随着城市的扩展不断被挤压而丧失了自然的演进能力。城市中的自然景观相比城市建成区,将其作为城市绿色开放空间具有自然资源的不可替代性。

当代城市由过去的工业化社会转向了信息化社会,现代社会那种以工业生产为主的城市空间布局随着后工业社会的到来逐渐走向衰败,城市中自然生态系统也转变成为以人类生活服务为导向的城市文化生态系统。原有见缝插绿的城市绿地规划布局方式显然已经不能够满足现有的城市生活的需求。因此,城市自然物质形态向文化生态演进过程中融合区域与城市发展的格局以及整合现有城市中的自然资源,对现有场地中生态结构的有机再生与延续,是实现区域与城市自然环境平衡的有效途径。

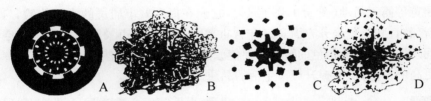

图 6.8　1929 年的大伦敦区发展规划中有关绿带设计的 4 种布局形式

雷蒙德·昂翁(Raymond Unwin)在针对大伦敦区发展规划的研究中,根据城市人工建成区与城市绿色空间系统之间的布局模式归纳了 4 种城市的自然系统分布状况[①](图 6.8)。布局形式 A 主要用于小尺度场地内的自然文化演进,目的是完善其周边绿色空间结构;布局形式 B 是针对具有较大尺度的自然生态环境,适用于新城开发中的整体城市生态系统的构建;布局形式 C 主要是为了控制城市过度开发和大都市区的无序蔓延;布局形式 D 是一种相对折中的方式,采用主城区结合周边卫星城。这些模式都以城市中自然文化演进过程来缓解城市因过度建设而导致的

---

① Miller M. The elusive green background: Raymond Unwin and the Greater London Regional Plan[J]. Planning Perspectives,1989(4):15 - 44

人文生态破坏,并以此作为绿色廊道的形式将城市和自然有机联系起来。特别是城市中现有的硬化河道、湖泊等滨水空间的自然生态系统修复对城市环境的平衡具有非常重要的意义,水域空间能够较好的形成生物群落,水生植物的净化、林地的微气候调节功能在吸引市民活动、增强地区活力方面发挥着重要的作用。

6.1.2.2 区域与城市文化生活品质的提升

城市景观中自然生态向人文生态演进不只是处理支撑城市文化形态的物质环境改善的问题,而是关系到自然生态环境、城市空间、人三者共同组成的一个复杂的操作体系。城市自然文化生态系统的互动与演进涉及人们的日常生活方式、文化价值观、物质空间环境的认知等多个方面的问题。

当代城市景观已不仅只是作为文化事件和日常活动的载体,更是作为城市文化的发生体。它不仅引导了城市文化的发生,更是作为一种提升城市文化价值,促进文化演进的动力因素,并成为人们日常生活中不可或缺的组成部分。一些被誉为"城市客厅"的广场、绿色空间、社区小剧场将成为人们自发进行游憩、竞赛的场所,也可以定期开展一些音乐、表演、展览等露天活动(图 6.9,图 6.10),它们在提升城市居民的生活体验、启智、教育和文化服务方面具有非常重要的意义。城市景观在城市绿色空间发展中的社会角色的转变将促使原有城市文化与自然的双重资源发挥更高的价值,从而提升城市生活的品质。

图 6.9 城市公共活动空间　　　图 6.10 社区文化活动与事件

6.1.2.3 区域与城市经济的发展

长期以来,人们普遍认为风景园林是政府的公益性事业,是"花钱的面子工程",对于城市建设来说仅仅作为一种配套设施,为城市居民改善生活环境,提高生态效益,而对于其经济价值则很少去考虑①。这种对城市景观认识的不足导致近年来城市建设面临着诸多难以解决的问题,包括:中心城区衰败、城市边缘地区荒废、没有活力的新城建设与开发等。

国内许多城市已经全面步入了一个后工业时代,经济结构的调整导致大量传统工业面临衰败,大片的工业弃置地带来一系列的环境、社会、经济问题。如何使这些工业时期具有辉煌历史,并对人类作出巨大贡献的场地重新焕发出新的活力,是当前风景园林促进区域与城市经济发展的重要课题之一。另外,我国目前处在一个新城建设的高峰时期,原本大规模的城市郊区突变为新城中心,现有的做法通常都是以一种全新的城市高楼取代原有的自然系统和文化遗迹,以至形成了大量的没有任何自然、文化积淀的城市新区,这都不利于城市形象的塑造、居民生活的改善、投资环境的优化,最终导致区域与城市经济发展面临极大的考验。

1999年加拿大多伦多的当斯维尔公园设计竞赛在促进城市经济发展方面具有非常重要的参考价值。参与竞赛的设计团队②提出了许多非常具有创造性的革新理念,为国内城市的更新和经济的发展提供了多种思考方向。

雷姆·库哈斯(Rem Koolhaas)和布鲁斯·毛(Bruce Mau)构想的"树城"(Tree City)最终赢得了第一名(图6.11),成为这样一个看似平淡的城市边缘地区复兴的典型案例③。"树城"作为地区复兴的城市触媒,通过引导自然系统的延伸并融入不断蔓延的城市肌理,从而彻底改变城市边缘地区的形象,带动周边地区经济的发展,赢得人气和全新的发展。雷姆·库哈斯和布鲁斯·毛采用持续生长的树来取代建筑,作为区域更新的基础设施,通过自然植被的延伸在城市中创造出新的元素,将生态系

---

① 中国风景园林学会. 2009—2010风景园林学科发展报告[M].北京:中国科学技术出版社,2010

② 大多数是当今城市设计、景观规划行业的代表性团体和领军机构,在业内外都具有广泛的影响力。包括:艾伦 & 科纳事务所(Allen and Corner)、FOA事务所、伯纳德·屈米(Bernard Tschumi)、大都会事务所(OMA)等。

③ Julia Czerniak. Case:Downsview Park Toronto[M]. New York:Prestel Publishing, 2002

统完整地引入城市,融入周边环境,并与城市其他的绿色空间联系起来,以此推动整个区域的复兴与城市经济的发展(图6.12)。

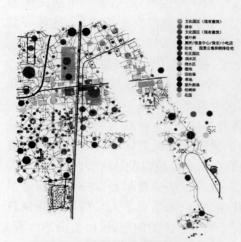

图 6.11　雷姆·库哈斯和布鲁斯·
毛的"树城"方案

图 6.12　当斯维尔公园平面

　　风景园林作为重要的经济驱动方式,能够为城市发展带来巨大的经济价值,特别是为周边地块的发展带来复兴与活力。通过自然环境的改善、场地中文化的挖掘和提升,重新引入人文活力,增强城市的凝聚力。这种全新的理念有效地推动了自然进程和文化进程,并以此作为城市触媒撬动整个地区经济的发展,从而带来巨大的社会和经济的效益。

6.2　自然生态向人文生态演进中的多重社会角色

　　现有对自然生态环境的粗放式开发的城市建设模式大大降低了原有的自然生态系统的自我恢复能力,城市中大量的灰色基础设施由于其目标、功能的单一性,在解决某一城市或社会问题的同时也带来了诸多的其他问题。工业化时期以经济发展为主导的城市建设思想导致人类赖以生存的自然环境持续恶化。将城市灰色基础设施重新发展成为绿色基础设施,不仅为城市提供经济社会发展服务,同时也在城市生态环境和文化内涵方面具有持续的综合效益。

　　当前,国内外大都市圈的发展通常都伴随着区域与城市规模的扩张、土地规模的扩展,除了靠自身用地结构的优化调整,主要还是通过占用城市外围的荒废农田、工矿废弃地、垃圾填埋区等自然文化生态区进行区域的更新。然而,随着城市发展对生态环境的要求越来越复杂,场地内部自然物质形态的自我改善(例如去除污染源、改善土壤、水质等单一项目的改造)并不能提高生态系统的稳定性,其生态调节功能仍然非常脆弱。因此我们有必要考虑运用区域自然生态文化演进理念来研究合理开发利用城市外围地区的自然景观,将其纳入到城市开放空间系统中来。同时根据各自尺度的不同和形态的差异划分出斑块、廊道和基质,把它们作为改善与维护区域、城市、大都市圈生态环境的支持系统。这种支持系统不仅能够作为改善城市自然生态环境、调节微气候的生态基础设施;同时也为城市居民提供经济、文化、游憩等社会效益。将城市景观与周围现有的具有生态调节功能的自然生态系统整合为一个完善的城市开放空间体系,在维护场地自然文化生态系统稳定的同时,有效带动周边区域与城市的发展。

6.2.1　缝合区域与城市的肌理

城市片区式跳跃发展往往引起对原有自然环境和开放空间尺度和形态肌理的破坏与断裂。特别是在一些城市弃置地与拥有健康与活力的社区之间,原有旧的老城尺度下的城市生活一旦被打破就很难恢复其活力。城市中布满了割裂自然和人文生态环境系统的灰色基础设施,如城市快速路、城铁、废弃机场、旧工业厂区、垃圾填埋场等,是导致周边社区衰败的主要原因。自然文化景观在城市中的角色不仅仅是恢复一片绿地,而是要引导一种动力机制,除了将城市中一道道断裂疤痕恢复其自然生态系统,更为重要的是将此作为缝合区域与城市肌理的一种手段。

城市景观的自然文化演进在区域与城市发展中的缝合城市肌理的角色日益明显,其演进机制包含了时间和空间两个维度,从物质空间上来说,构建完善的自然生态系统以及绿色开放空间系统方面具有不可替代的作用;从历史进程的维度上来看,将这种自然生态向人文生态演进作为一个生长的有机生命体,需要一个长期发展、自我调整的过程,并与周边城市肌理之间衔接。城市中自然生态向人文生态演进将原来割裂城市肌理的区域进行整合,形成一个更大尺度范围内的大型综合体,在城市文化、休闲、游憩、商业、自然等多种城市空间中寻求异质共生。

西雅图奥林匹克雕塑公园在展现工业文明以及现代社会思想发展方面就是一个非常成功的例子。纽约韦斯/曼弗雷迪（Weiss/Manfredi）把大地当做雕塑来编织西雅图城市的肌理，设计从城市森林过渡到滨水地区，"之"字形的网状路作为穿越公园的主要循环路线，辅助一些蜿蜒的小路，为市民提供了多种功能，其中火车轨道和城市街道直接穿越公园（图6.13）。

设计作为城市雕塑公园的一个新的构思模式，地块位于西雅图最后一块未开发的滨水空间，该地块是一片被铁轨和城市街道分割的工业遗迹。设计采用了大的"之"字形的绿色平台，将分割的几块场地连成一个整体。这个"之"字路网从城市向滨水区域一直延伸，展示了艺术的空间序列并将参观者从城市边缘引入水岸边，这个简洁而又非常具有视觉冲击力的设施跨越艾略特大街（Elliott Avenue）、城市铁路到达海边，缝补了城市破碎的肌理，巧妙地结合了城市远处的天际线和艾略特海湾的天然景观，开发场地的现有资源将城市中心连接到复兴的滨水区（图6.14）。

图6.13 缝合城市边缘与水岸之间的肌理

图6.14 复兴后的滨水区吸引了大量的游人

整个设计是一个规模宏大、风格独特的大地艺术作品。除此之外，设计师还布置了很多独特的雕塑作品，在这里艺术展览随时更换，而馆藏作品主要包括"钢铁树"亚历山大·考尔德的"鹰"（Eagle）雕塑，以及一个叫做"西雅图覆盖云"的构筑物，雕塑"觉醒"（Wake）就像是雕塑公园里长出来的一样，如此和谐一体（图6.15）。雕塑公园不仅成为一个雕塑艺术品的集散地，而且也建成了一座为大马哈鱼提供栖息场所的防波堤（图6.16）。在应对场地中40ft（约12 m）的高差的问题时，设计师建立了一种新的地形秩序,并以此来编织城市与滨水空间之间城市肌理的延续性,西雅图美术馆馆长也表示①:"我喜欢韦斯和曼弗雷迪这种拥抱城市其他基础设施以捕获城市活力的方式。"

图 6.15 "觉醒"

图 6.16 可以为鱼类提供栖息的防波堤

西雅图奥林匹克雕塑公园与其说是一个雕塑公园不如说是一个城市公园。它以雕塑为载体处处体现城市文化的魅力,它没有让雕塑艺术和城市活动隔离开来,相反,它带领你近距离接触那些雕塑、城市交通、树林、混凝土板、滨海极其远处的天际线。这种集艺术、休闲、生态于一体,把城市蔓延到滨海,反映西雅图工业文明的城市雕塑,这些设计共同表达了这个地区的工业文化特征。这是对西雅图工业时期历史文明的最好的诠释。

6.2.2 引导周边区域与城市有机更新

城市景观中自然生态向人文生态演进是一个有关自然生态系统恢复以及区域文化复兴的演进过程。区域与城市有机更新作为一种新的状态,重在对自然系统与文化系统的整体提升(Upgrade)。它是将其作为一个生命体,引导城市中"自然—文化—社会"之间的演变机制和互动发展。城市景观的自然文化演进注重的是原有肌体的重新生长、弥合与恢复,它是有关场地中自然环境及其背后的经济、文化和社会运作机理的自我维持与更新,因此它与城市的发展、文化价值观理念有着密切的关系。

---

① Clifford A. Pearson 著;王衍译. 奥林匹克雕塑公园[J]. 建筑实录,2007,2:68-75

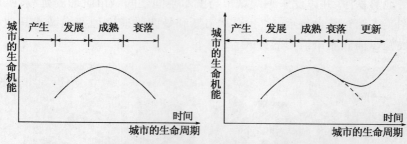

图 6.17　人为干预下的城市生命周期比较

"城市有机更新"(Urban Organic Renewal)是西方在工业化后期为改善传统中心城市衰落问题而采取的一系列措施。城市生态系统如同生物有机体一样,随时间的推移,城市的生命机能也会呈现出自己的生命周期,从产生、发展、成熟直至衰落(图 6.17)①。因此我们需要不断地进行物质环境的改造和社会文化的提升,使其向着一种健康、进化的方向持续演进。城市景观中自然文化生态演进强调的不仅仅是自然生态环境的改善,同时充分考虑了人的需求,包括区域经济产业的改造升级、社会角色的重新定位、文化生命力的日益彰显,引导并推动周边区域与城市有机更新。

图 6.18　20 世纪 30 年代的货运高架铁路

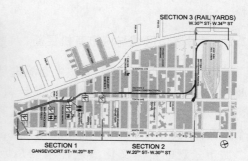

图 6.19　高线在曼哈顿的区位

位于曼哈顿岛西侧的"高线"(High Line)是一条废弃的货运高架铁路(图 6.18)。高架总长度约 2.33 km,平均宽度约 15 m,宽窄不一,最小

---

① 　侯鑫. 基于文化生态学的城市空间理论——以天津、青岛、大连研究为例[M]. 南京:东南大学出版社,2006

宽度约 9 m,总面积约 2.7 hm²,跨越了纽约市的 22 个街区(图 6.19)。其中一期工程长约 800 m,面积约 1.13 hm²,从甘斯沃尔特大街穿越了切尔西居民区和第 10 大道,到西 20 大街共跨越了 9 个城市街区(图 6.20)。

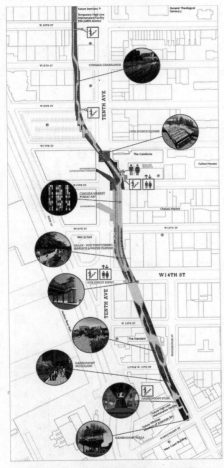

图 6.20　高线公园一期平面

20 世纪 30 年代,为了顺应曼哈顿港口贸易的快速发展,纽约市在曼哈顿西侧的哈德逊河畔建造了一条高架铁路以避免繁忙的货运给当地街区生活带来负面影响。70 年代末,随着这里的产业经济的转型,原来的港口货运及其工业逐渐衰败,直到 1980 年高线停止运营。迄今已闲置了 25 年之久的高线公园由于年久失修对周边街道及社区的安全产生极大的威胁,有人建议将其拆除以便更好地开发周边地区。但是,这种想法立即遭到了当地一些文物保护组织的强烈反对。在高线被废弃的 20 多年里,高线本身也开始发生着一些非常有意思的变化,在自然力的作用下一些先锋植物逐渐萌发出来,土壤逐渐堆积,一些早期演替植物开始生长。这些有趣的变化过程触发了当地人们的灵感。于是,1999 年,非盈利组织——高线之友(Friends of the High Line)发起了保留高线的倡议,倡导大家改变观念,转换高线的服务功能,希望将这条贯穿曼哈顿 22 个街区的废弃铁路改造成一个占地 2.7 hm² 的市民公园①。

2004 年,纽约市政府组织策划了高线开发计划的国际竞赛,詹姆

---

①　Alex Ulam. Back on Track—Bold Design Moves Transform a Defunct Railroad into a 21st-Century Park[J]. Landscape Architecture,2009(10):90－109

斯·科纳 Field Operations 景观设计事务所和 Diller Scofidio ＋ Renfro 建筑事务所合作的方案——"植—筑"（Agri-tecture）的设计理念最终胜出。这两家事务所提出一个模糊铺装和植被之间界限的线性步道设计，通过改变步行道与植被的常规布局方式，打破自然植被与人工构筑之间的界限，呈现出软硬表面不断变化的比例关系，从高使用率区域（100％硬质铺装）过渡到完全种植区域（100％植被），创造多样的空间体验，使人类、植被和鸟类在场地中和谐共生（图 6.21）。

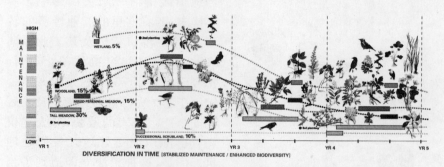

图 6.21　未来 5 年的生态规划策略

图 6.22　眺望城市景观

图 6.23　工业文化遗迹的延续

　　詹姆斯·科纳将景观纳入一种操作模式，在原有的工业遗迹（混凝土、钢结构、道碴等）中嵌入一套当代城市生活元素（铺装、装饰、灯光、植被），设计师精心安排的铺装系统以及浅根植被的栽植系统，尊重了高线场地的单一性和线性特色。通过复杂的介入营造出既荒野又文雅的空间

体验（图 6.22），模糊自然—城市、过去—现在之间的界限，将工业遗产的文化特征（图 6.23）和乡村荒野融入了具有功能性和大众性的城市公共空间，展现出那种悠然自得的轻松氛围，与周边闹市形成鲜明对比（图 6.24）。这条绵延 2.33 km 的城市廊道发

图 6.24　生机勃勃的植被与老建筑形成对比

挥着游憩设施、旅游景观和经济发展引擎的作用。正如科纳自己描述的那样，"景观作为一种城市触媒，能够对当今社会的迅速发展、交替演变和逐渐适应等情形做出直接而有效的应对，它不仅仅是当代城市更新的重要策略，更是一个在城市发展过程中引导其持续演进的动力机制。"①

图 6.25　开花植物吸引大量昆虫来此栖息

图 6.26　原有铁轨与植被共生

　　2009 年 6 月 7 日，高线公园一期工程建成并对公众开放。这一项目在保存原有工业历史遗迹的同时也创造出一种非凡的空间体验，使其获得了新生（图 6.25～图 6.27）。在整个设计过程中，各级政府机构和相关

①　James Corner. Terra Fluxus. In：Charles Waledheim(ed). The Landscape Urbanism Reader [M]. New York：Princeton Architectural Press，2006

利益团体的协调,公众的广泛参与,以及环保材料,分阶段实施,短期和长期规划以及未来的维护和运营的考虑等,在当代景观的管理实践中堪称典范。其出色的设计赢得了美国风景园林业内人士的广泛好评,并获得了 2010 年美国风景园林师协会(ASLA)综合设计类荣誉奖(Honor Award)。

图 6.27　大量市民来此游憩

6.2.3　推动城市新区景观的发展

　　近年来,社会快速发展背景下的新城开发为大量新区景观建设提供了契机,特别是那些以大型城市事件作为城市自然、文化演进策略具有极为重要的借鉴意义。这种由政府主导开发完成,承载着更多的公益性角色的大尺度城市景观所具有的巨大潜能往往被我们低估,现有城市景观已经深入到了我们生活中的方方面面,其积极的发展模式极大地影响着我们的日常生活状态。景观的社会角色逐步扩展成为一个生态、文化、经济、社会的城市景观综合体。以前仅仅作为"绿地"概念的城市景观已经具备完善城市自然系统,提升城市文化价值,促进区域经济增长的能力,并推动整个社会向前发展。

　　2005 年,两年一届的德国联邦园林展(BUGA)在慕尼黑里姆(Riem)新区举办(图 6.28)。这是市政当局策划的推动慕尼黑城市景观发展的众多大型事件之一,旨在通过具有前瞻性的人类活动来引导地区的更新与发展。这种积极策略的引导不仅完善了城市绿色开放空间系统,融入人们的日常生活(图 6.29),更为重要的是提升了里姆新区的城市形象和社会认知(图 6.30)①。

---

　　①　郑曦. 城市新区景观规划途径研究[博士论文]. 北京:北京林业大学,2006

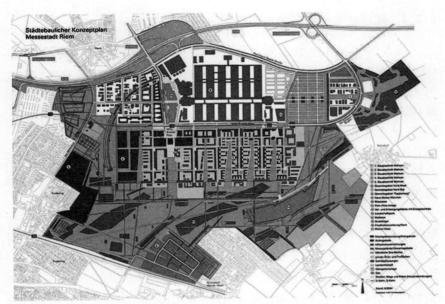

图 6.28 里姆新区规划平面

图 6.29 德国联邦园林展 BUGA05 展园

图 6.30 BUGA 湖既是生态的湖泊，
也是休闲运动的场所

　　从事件的策划、民众关注度、场地原有农田肌理的保留、展园设计、生态环境的恢复、促进周边商业开发等多种项目与活动来看，这次里姆新区景观建设无疑是成功的，它激发出景观的最大潜能。在这次事件的过程中，园林展不只是一种文化的载体，同时还是地区文化事件的发生体，这种自然生态向人文生态演进的过程使得景观成为一种积极影响现代文化的工具，它通过人类活动的积极干预使原来相对平庸的地区焕发出新的自然与人文活力。

6.2.4 构建城市绿色开放空间网络

城市景观中自然生态向人文生态演进是在自然与人工界面(Ecotone)①效应作用下进行的,城市的无序发展很容易导致周边自然的退化与文化的缺失。一个具有良好自身结构与功能的城市生态网络体系能够维持区域内自然界面(包括地质、地貌、水文等)和人工界面(历史、文化、经济、社会等)之间复杂稳定的物质交换与交流。城市景观由各具功能、相互联系、分工有序的基本功能单元组成。它作为城市生态网络中的基本功能单元,相当于自然生态系统中的基本成员(Odum,1969)②,并成为构建城市开放空间网络的基础。

西方发达国家的快速城市化进程以及区域的无序发展导致当时城市整体生态环境日趋破碎化。路易斯·芒福德(Lewis Mumford)在为波特兰城市发展规划的过程中提到,贪婪的工业化发展正在蚕食自然的杰作。他认为遵循自然演进的思想能够改善城市开放空间网络体系。自19世纪末,为应对当时城市的无序发展,城市美化运动开始兴起,风景园林逐渐由小尺度的公园设计逐渐开始转向大尺度的城市整体绿色开放空间的规划。奥姆斯特德和沃克斯的纽约中央公园可以称为是构建现代城市开放空间的滥觞。随着之后公园运动的浪潮进一步推动,原来为工业化城市提供休闲娱乐环境,充当城市"绿肺"的绿草地方案,发展成为"建设多个公园并将其组合成一个公园系统(park system)"的思想。

被誉为"翡翠项链"(Emerald Necklace)的波士顿公园系统正是基于这一规划思想而产生的。19世纪80年代,奥姆斯特德(F. L. Olmsted)为波士顿制定了沿查尔斯河进行改造规划。改造之前的查尔斯河受城市发展的影响,其生态系统服务功能逐渐退化,工业污染、生活垃圾、河道渠化等问题使得该地区成为城市发展的阻碍。波士顿公园系统主要分为三个部分,即波士顿城市原有的公共绿地,波士顿后湾潮汐平原的洪泛区域

---

① "生态界面"(Ecotone)是生态学中的名词,用以表达不同类型的生态系统之间或其与环境之间相互交接的部位,并具有宏观性、动态性与过渡性。它是生态系统与外界环境进行频繁生态流交换,产生各种复杂生态效应的"空间域",即国际上称为 Ecotone 的地带。Ecotone 在我国有多种译法,如生态过渡带、边缘带、边际带、边界带、交错区以及生态环境脆弱带等。原意指两种不同生物群落的交汇地带,其多样性增大、种群密度加大的趋势称为边缘效应(Odum,1969)。

② 肖笃宁.景观生态学(第二版)[M].北京:科学出版社,2010

以及阿诺德植物园和富兰克林公园。波士顿公园系统综合了城市公园绿地建设、环境污染治理、退化生境恢复以及控制城市无序扩张等多重功能,联系了中心城区和周边大面积的城市郊区和乡村地带,将自然成果引入了城市,同时为城市未来的发展提供了充足的自然环境。通过改善交通、游憩、生态防洪、水质处理、环境保护以及沟通城乡联系等多种措施,"翡翠项链"将城市中心区与当时的郊区和乡村整合成了有机综合体(图6.31)①。相比规划初期,今天的波士顿市区已延伸到很远的郊区,公园系统的框架仍然为波士顿地区构建了一个城市开放空间网络的基础。

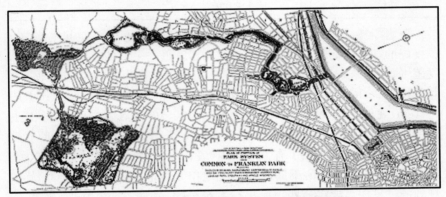

图 6.31   被誉为"翡翠项链"的波士顿公园系统

表 6.2   大波士顿地区公园系统推进历史

年　　代	主要人员或机构	相关事件或措施
1890	查尔斯·埃利奥特	建议成立具有法人地位的市民团体,目的是为了保护波士顿自然环境免遭城市化进程的破坏
1891	马萨诸塞州议会	通过了公共保护地区托管法案,并设立托管局,负责保护和开放马萨诸塞州内部具有景观和历史价值的土地
1892	马萨诸塞州议会	成立大波士顿地区公园委员会,并对区域内绿地进行统一规划和管理

①　Norman T. Newton. Design on the Land: The Development of Landscape Architecture[M]. Cambridge, MA: The Belknap Press of Harvard University Press, 1997

年　代	主要人员或机构	相关事件或措施
1893	查尔斯·埃利奥特	完成了大波士顿地区公园系统规划方案
1894	马萨诸塞州议会	通过了林荫道法案，开始建设林荫道系统
	马萨诸塞州政府	筹集建设大波士顿地区公园系统和林荫道系统的资金
1907		基本完成了大波士顿地区公园系统格局，面积达 4 082 hm²

　　奥姆斯特德的"翡翠项链"为构建波士顿城市绿色开放空间网络奠定了良好的基础。而将这种公园系统的规划思想进一步扩展到更大区域尺度范围，并为未来进行全美国土景观空间规划提供模式的是查尔斯·埃利奥特（Charles Eliot）。波士顿大都市开放空间系统（Metropolitan Park System）规划之初，埃利奥特对整个大都市区域的自然环境和社会状况进行了科学而系统的调查与研究，特别是相关法律法规的推出为今后风景园林的政策实效性提供了有力的保障（表 6.2）。他认为风景园林作为自然与城市的综合体，由不同等级的土地单元镶嵌成的多级综合系统，在规划的过程中需要将这些单元进行系统分类，例如：森林、海岸、岛屿、河流等。然后依据这些土地特征，采取科学合理的措施（河道洪泛区管理、水质改善、植被恢复、绿色廊道的建立等），并与城市公园系统一起构成了

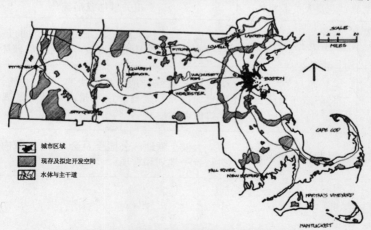

图 6.32　1928 年马萨诸塞州开放空间规划

波士顿城市开放空间网络体系。

这种城市开放空间系统的规划思想直接影响到了小查尔斯·埃利奥特(Charles Eliot II)。1928年的新英格兰地区马萨诸塞州开放空间规划(图6.32)就是在原有大波士顿地区公园系统规划的基础上发展而来的,包括后来的土地规划师曼宁以及麦克哈格的生态规划理论。

城市作为一个开放的复合生态系统,其物质和能量的交流与互换过程极大的依赖人类社会的管理与维护。区域与城市发展不仅需要其系统内部进行健康、进化的自然过程和文化过程,而且城市与外界环境之间要能够形成良好的互动。因此,缝合城市因过度开发而形成的伤疤、引入城市绿色基础设施、引导城市衰败区域的有机更新、构建一个连续的城市绿色开放空间网络体系将为区域与城市创造一个适宜生活的,自然—文化—社会和谐发展的整体人类栖居环境。

6.3 驱动区域与城市再生的自然生态向人文生态演进

驱动区域与城市再生(Regenerative)的自然生态向人文生态演进就是将人的干预活动附加在自然物质形态的景观上,在多元文化背景下,确立了一个长期的规划框架与策略,促使人工景观和自然景观融合成为一个无差别的综合演进体系。

城市再生是一个庞大而系统的工程,整合城市各要素之间的矛盾与冲突是区域与城市再生的有效途径。然而必须指出,通过开浚人工水渠和铺设大管径的排水管网并不能彻底解决城市季节性洪水泛滥问题;那些铺筑硬质铺装而取代原来泥泞草地的做法同样低级。这些单一的措施都没有从一个系统的工程去考虑,而是将它们从这里转嫁到别的地方。当自然具有高效、积极的生产力并引导自然和城市文化共存,才能展示其文化的丰富性与活力。

6.3.1 自然生态向人文生态演进作为景观介入城市的策略

从大的时间跨度来看,人类一直在寻求一种合理利用自然的方式以维护良好的人类生存环境,既满足人类需求又与自然和谐相处,这使得自然景象逐渐转变为人文景观。从某种意义上来说,我们可以将这种自然、文化属性变迁看作自然生态向人文生态演进历程,它是人与自然相互作用的结果。

全球性生态环境危机让人们重新审视当前人类对自然的认知,进而发展成为一套科学的干预自然的策略和方法。然而,这些仅限于生态学领域的理论并不能很好地解决当前城市的快速发展以及社会转型导致的城市中心区衰败所带来的一系列社会、经济、文化等问题。因此,如何将景观介入城市并引导区域与城市的活力再生,成为近年来人们普遍关注的话题。

近十年来,伊恩·麦克哈格的生态规划理论,经过詹姆斯·科纳(James Corner)、查尔斯·瓦尔德汉姆(Charles Waldheim)等人的研究与实践,已发展成为强调基础设施建设、生态系统管理、分阶段实施理念和多学科(Multidiscipline)跨领域协作的"景观都市主义"(Landscape Urbanism)。景观都市主义是由现任哈佛大学设计学院(GSD)景观系主任查尔斯·瓦尔德汉姆于 1977 年在由他策划的景观城市主义论坛和展览时提出的,这种新的学科融合机制在此后一系列出版物中不断强化这一概念[①]。詹姆斯·科纳和查尔斯·瓦尔德汉姆将麦克哈格的有关大尺度生态规划的理论作为工作的基本框架,同时也摒弃了麦克哈格的一些做法。他们考虑更多的是对场地的复杂介入,多种功能在同一场地并存,建立一套包括社会、文化、自然环境相融合的模糊边界的复杂体系,城市自然系统和人类系统相互影响、相互作用,并在这一动态过程中形成一个充满活力的综合体[②]。

事实上,这种强调景观先行,同时协调多学科综合的设计思想或策略起源于 20 世纪 70 年代末的美国,当时美国刚刚经历过快速工业化,很多城市历史上曾辉煌一时。但随着社会的发展,工业开始衰败,社会面临着一系列严重的环境和社会问题,从而产生了大量的工业废弃地,城市发展逐渐走向"去中心化"。因此,那些工业废弃地成了城市规划与设计部门最为棘手的问题,经济、社会和环境等多方面的问题促使当地政府为这些地区的复兴采取有效的措施。然而,传统城市设计方法显然已经跟不上城市快速发展的步伐,曾经一度出现的"新都市主义"(New Urbanism)同

---

① James Corner. Terra Fluxus. In: Charles Waledheim(ed). The Landscape Urbanism Reader [M]. New York: Princeton Architectural Press, 2006. 21 - 33

② Fredrick Steiner. Ian McHarg & Sex Parks for Fish[J]. 景观设计学,2009(05): 20 - 24

样无法应对工业化所遗留下来的环境问题①。

在这种情况下,任其发展是无法完成区域与城市更新的,如何进行人类活动的有效干预是摆在当前设计师面前最为突出的问题。与此同时,民众对城市中自然的呼声渐高,设计中城市的复兴及其文化身份的定位也被人们摆在了日趋重要的位置。因此,我们需要针对城市发展中面临的一系列困境展开批判,融合城市发展理念为解决城市的更新与发展问题提供一种新的可能。

风景园林不再单纯只是一种美学欣赏和填补城市空间的艺术,而是积极的在城市中寻找更多能够形成与自然生态、社会功能和基础设施功能相效错的混合景观(Hybrid Landscape)的机会。它从生态基础设施的角度建立起城市中自然、文化演变的构架,形成了一种自下而上的对自然过程和文化过程的介入与管理。展现的是一种模糊各学科领域的开放性景观策略。

6.3.2　案例研究1:驱动城市再生的弗莱士河公园

位于纽约斯坦顿岛(Staten Island)上的弗莱士河公园(Fresh Kills Park)是由历史上的弗莱士河垃圾填埋场(Fresh Kills Landfill)改造而成的大众城市公园。早在改造之前,这个垃圾填埋场在完成历史使命的同时,给纽约市政府以及周边居民带来了社会、经济、文化等一系列的问题,规模如此之大的垃圾填埋场(9·11事件的垃圾曾堆放在此),不仅给当地的自然环境带来一定程度的破坏,也使得当地经济、文化以及社区生活都失去了往常的活力。

为了重新挖掘该场地的特殊价值,纽约市政府在2001年为弗莱士河公园举办了国际设计竞赛,旨在征集具有创新型理念的解决办法,在解决现实问题的同时,又能创造性地利用场地内的自然、文化特征。

由詹姆斯·科纳领导的 Field Operations 以"生命的景观"(Lifescape)作为其策划理念赢得了国际竞赛第一名,并承担设计任务。詹姆斯·科纳并没有按照人们普遍认为的那样创造出田园牧歌、诗情画意的景观,而是大胆地提出了让场地自我恢复更新的策略,创造性地将约890 hm²(2 200英亩)的垃圾填埋场改造成向所有公众开放的城市公园,并为这种演变过程制定一系列的生态再生策略。针对大规模受污染的场

---

①　Charles Waldheim. The Other' 56 [J]. 景观设计学,2009(05):25-30

地,科纳不但没有回避,而是让场地中的历史痕迹凸显出来,创造出历史与现在、新与旧并存的超现实景观(图6.33)。方案强调多学科的团队协作,倡导应用新的环境技术处理垃圾填埋场的污染,让自然做功,形成具有与大地互动的、可持续性的生态系统。

图6.33 弗莱士河公园总体鸟瞰

6.3.2.1 "播种"理念

现有的人为干预通常表现为过于激进的推倒重来,特别是我国简单的"三通一平"(通电、通路、通水,土地平整)的破坏式改造。有的甲方希望能一步到位,甚至要求设计一个50年不落后的景观形态或风格。然而现实情况则是一种持续性的变化过程,无论是自然层面还是人文层面,终极的设计形式永远都跟不上时代的步伐,很快就被历史所抛弃。这样导致的结果是,前些年被认为是最前沿的设计风格在今天却惨遭淘汰,一次又一次的"新"被"更新"所取代,导致一些项目在几年之内就不适应社会的需求而被推倒重来。

詹姆斯·科纳在弗莱士河规划设计中采用了"播种"理念,它是时下最为流行的景观都市主义(Landscape Urbanism)中的核心理念。该理念是一套实现对自然进程管理进行持续、有效的控制方法(图6.34)。播种理念指的是依据现有场地中的自然文化特征引入一种新的元素并激发区域与城市发展的动力机制,这种渐进式开发能够很好地避免当前大拆大建的粗暴式改造。

6.3.2.2 复杂、多元的框架系统

城市的再生与发展是一个复杂而多元的目标体系,主要包括:不可再生资源的最小利用、自然环境的保护(以及在其环境容量范围内生活)、经济的可行性与多样性、社区的自力更生、社会成员的幸福、人类基本需要的满足①。面对如此复杂、多样的城市环境需求,我们需要通过激发场地内自然生态系统恢复和人文活力的再生与演进来恢复城市自然文化生态系统,提升周边区域的活力,并驱动整个城市的复兴。

图 6.34 弗莱士河公园总平面

一般来说,当前城市发展战略还不能满足城市发展的多方利益的需求,由于地块本身存在非常显著的生态环境问题,由此带来的社会经济、商业娱乐、教育、居住等问题都成为区域与城市复兴的障碍。因此,我们有必要建立一套运作良好的环境约束机制和多元规划体系来应对当前场地所面临的复杂性问题。

詹姆斯·科纳为弗莱士河公园的发展提供了一个灵活多变的动态框架(Dynamic System)。这样一个大型景观的恢复,除了风景园林师外,项目的整体规划还需要有建筑师、规划师、生态学家、交通工程师、土壤科学家、水文学家、经济学家、艺术家等共同参与协作,在多学科之间达成有效共识。另外,公众的广泛参与增加了项目的复杂性,在环境保护、土地征

---

① [加]V. W. Maclaren 著;罗希译. 城市的评估和报告[J]. 国外城市规划,1997(02):23-33

用、交通、公园管理和文化艺术等方面都要求当地政府的支持并协调各利益集团之间的利益冲突（图 6.35）。"生命的景观"的核心思想在于对场地进行复杂有效地介入，实现一种大规模的环境

图 6.35　公众的广泛参与

境改造与更新，展现出一种动态的、模糊了公园界限的景观，它没有固定的设计形式，并需要经过时间来形成。

2007 年，弗莱士河公园一期工程开始施工（图 6.36），几年过去了，各项工作初见成效，这项长达 30 年的规划项目需要一个长期发展与演变的策略，将一个被破坏的废弃场地改造成一个区域尺度下的牵引整个地区社会、文化、经济和环境可持续发展的绿色基础设施。

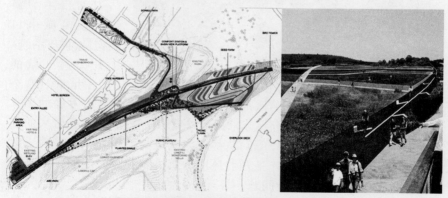

图 6.36　弗莱士河公园局部平面及透视图

6.3.2.3　引导一个长效的动态演进机制

"生命的景观"作为一个过程，将自然的力量引入场地，利用各种手段改善场地中土壤、水、空气、垃圾、生物多样性、交通、可再生能源、娱乐、文化和教育设施等（图 6.37）。同时结合其潮汐湿地和溪流，营造出浅水湿地、淤泥滩、沼泽林地、草甸、林地等多样的生物栖息地（图 6.38，图 6.39）。

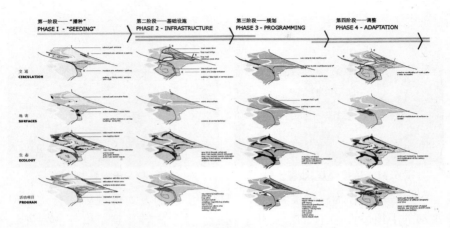

图 6.37　"生命的景观"分阶段规划图示

图 6.38　填埋后土丘上的植被恢复

图 6.39　对自然演替进程进行管理

图 6.40　垃圾填埋地预埋的甲
烷提取井

为了控制污染,詹姆斯·科纳对场地中
1.5亿吨垃圾做了液体收集和防漏处理,
在上面加了一层非渗透性衬层,在填埋地
预埋了气体排放管道(图 6.40),引导地表
水,改善并形成新土壤,添加新的交通网
络,为场地赋予新功能等措施(图 6.41)。
这是一个生产土壤和植被培植之间相互
作用的过程,土壤的改善促进植被的生
长;相反植被的繁茂也改善了这里的土
壤(图 6.42)。不仅改善了整个场地中生
态环境,而且给当地居民的生活带来
活力。

图 6.41 植被修复、改善土壤

图 6.42 湿地景观恢复

风景园林作为一种关系模式,以模糊多样的方式展现出社会认知和生动的干预过程,关注的焦点从事物的表象形式转移到了事件的发展状态及其微妙的动态演进历程;从风景园林的凝固状态转向内部演变策略;从形式和符号的关注转向一种普通地关注事件发生及其运作模式,它们如何互相关联,经过长时期的发展变化之后它们将产生怎样的影响。大尺度的风景园林演变进程往往是相对缓慢的,时间作为风景园林中的重要维度越来越受到设计师的关注,我们不能回避时间,场地自然生态系统和人文生态的演进都需要时间(图 6.43)①。

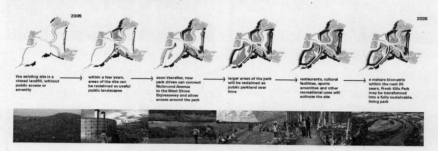
图 6.43 2005—2035 年分区规划策略

探索性的自然、文化管理进程是基于一种理性的需要和逻辑的因素,将风景园林融合成为一个发展的基础框架。因此,自然景观的文化演进历程就成为一种持续演变历程的"踪迹",而不是一个先验审美、超然宏大的凝固状态。然而,人们总是期望风景园林可以像一些标志性建筑那样具有强烈的视觉效果。对此詹姆斯·科纳认为,理想的风景园林是能够

① [美]詹姆斯·科纳著;吴琨,韩晓晔译. 论当代景观建筑学的复兴[M]. 北京:中国建筑工业出版社,2008

促进社会可持续发展的基础设施,风景园林的完美并不只是在于其表现形式的审美感知,我们更应关注的是将风景园林作为社会发展过程中的基本要素之一,以此驱动社会、文化、经济的全面发展。而风景园林师则通过复杂有效的管理策略将新的自然、人文要素深深嵌入场地的记忆之中,同时充分演绎这片土地上的记忆、历史进程和自然状态。

6.3.3　案例研究2:莱茵河的自然生态向人文生态演进历程

自然生态向人文生态演进不仅可以作为驱动城市再生的发展策略,在更大尺度范围,它甚至可以复兴一个地区的文明,并在区域尺度范围的大都市圈或城市群的经济、社会、文化、环境的区域发展进程中起到一个全面的推动作用。

大自然以其鬼斧神工创造出数不胜数的美景,然而那些给予人类精神慰藉、承载人类文明历史的人文景观作为人类真实的家园或许才是人类心灵的栖息地。莱茵河流域就是这样一处人文价值远远超过其自然景观的人类理想的栖居之地,莱茵河用她的波光帆影以及两岸的旖旎风光开启了人类伟大的智慧,并承载着多样而又厚重的人文历史内涵,犹如童话般的"人文的自然"。

6.3.3.1　西方文明的腹地

世界上大多数文明都起源于河流流域,人类依托河流中良好的生态条件和充足的自然资源,孕育出了一个个强大而灿烂的文明。发源于瑞士的阿尔卑斯山脉的莱茵河就是流淌在世界上经济最发达的西方文明的腹地——西欧(图 6.44)。莱茵河与其他的大河流域相比,并没有什么过于突出的自然资源①,它之所以闻名世界,与其地理位置有着非常重要的联系。

今天的莱茵河(Rhine River)作为世界上航运最为繁忙的河流之一,从瑞士境内的阿尔卑斯山北麓,西北流经列支敦士登、奥地利、法国、德国和荷兰,最后在鹿特丹附近形成一个大三角洲,注入北海,全长约1 320 km,其河水清澈见底。它被誉为:"世界上管理最好的河流,是世界

---

① "莱茵(Rhein)"的名字,一说来源于约 2000 多年前的古克尔特人的语言,是"清澈、明亮"的意思;另外一说来源于拉丁文 Rhenus,意为"罗马的河神"。莱茵河蜿蜒曲折地穿流在德国西部低低矮矮的山峦中,两岸点缀着翠绿欲滴的葡萄园与掩映在河畔群山中的古堡,既没有"黄河之水天上来"的那般名川气势,也没有"天门中断楚江开"的霸道,有的只是小家碧玉般的秀美,河面宁静,潜流暗涌。

图 6.44　流经西方文明腹地的莱茵河

上人与自然关系处理得最成功的一条河。"千百年来,莱茵河流域的人们
一直都追寻着一种理想生存环境,人类治理河流,与自然对抗的历史进程
见证了莱茵河流域"自然的人化"的过程,呈现出一种自然生态向人文生
态演进的人文进程。

　　法国大文豪雨果对莱茵河格外钟情,对它的赞美无以复加:
"莱茵河集中了河流的万般容貌于一身。它像罗纳河一样迅速
敏捷,像卢瓦尔河一样雄浑宽阔,向缪斯河一样峭壁夹岸,像塞
纳河一样迂回曲折,像台伯河一样源远流长,像多瑙河一样高贵
庄严,像尼罗河一样神秘莫测,像美洲的河流一样光辉闪耀,像
亚洲的河流一样蕴涵着童话般的寓言与幽灵……"①

　　法国著名的历史学家费弗尔曾说过:"整个欧洲没有一条河
能与莱茵河相匹敌。"莱茵河流域,或主河道、或支流,都是无与
伦比的。你随便走进一所大学,一座城市,你或许就会发现一位
有世界影响的哲学家、文学家、音乐家、科学家……如果你喜欢
哲学,你会发现康德、黑格尔、尼采、叔本华、马克思、恩格斯、胡
塞尔、海德格尔……莱茵河是一条顺着河谷弥漫和传播的思想
之河;如果你喜欢文学,你可能发现歌德、席勒、海涅、霍夫曼、黑

---

　　①　雨果游记《莱茵河》节选。

塞……如果你是一个古典音乐的爱好者,沿河你会看到贝多芬的故居、舒曼的墓地、瓦格纳剧院、勃拉姆斯手写的乐谱、巴赫演奏用过的管风琴……①

——《中国国家地理》2003年5月

莱茵河的美,美在人文。它喜欢在多个民族、多种文化中穿梭行进,从一望无际的田野、葡萄园到遍布田园诗歌般的小城镇(图6.45,图6.46);从森林深处的农舍、古堡到保存完好的工业时期遗迹,再到当今国际化大都市区;从阿尔卑斯山脉到流域下游洪泛平原,再到入海口的冲积三角洲,它在不同的历史时期形成了不同的地域文化特征,其独特的地理、自然条件形成了各具魅力的人文景观,例如:德国人的哲学理性,法国人的绘画、文学、时装艺术才华,奥地利人的音乐天赋,荷兰人的创造力。流域内的一切自然物质形态的景观都打上了人类活动的烙印,都在默默的诉说着人类过去的历史。莱茵河以其独特的多重身份参与时代的进程,例如:作为自然景观的河流,作为天然军事防线的界河,作为航道的运河,为饮用水、农业用水、工业用水等充当"水库"……。这些人化了的自然都是西方文明不可或缺的组成部分,它似乎见证了西方文明发展的整个历程。

图6.45 莱茵河沿岸的大片葡萄园　　　图6.46 莱茵河周边的城镇与田野

至此,我们已难以区分是人类造就了今天莱茵河流域的自然美景,还是莱茵河流域造就了西方的人类文明。但有一点是非常明确的,那就是莱茵河流域内自然资源与该地区人类的生产、生活自始至终都是息息相关的,人类已无法脱离莱茵河流域良好的自然生态环境;同时莱茵河的自

---

① 中国国家地理,2003年5月。

然景观也无法抹去其深厚的历史人文价值。叠加在自然物质属性上的人类活动必将继续引导着这里的自然景观向着一种作为文化形态而存在的人文景观持续演进。

2002年,莱茵河中上游河谷(Upper Middle Rhine Valley)因其突出的文化价值被联合国教科文组织列入《世界遗产目录》。其遴选标准有以下3点[1]:

(1)两千多年来,莱茵河中上游河谷作为欧洲最重要的运输航道之一,一直促进着地中海地区和欧洲北部各国之间的文化交流;

(2)莱茵河中上游河谷是一处与众不同的文化景观,这里不但环境优美,风景如画,积聚了两千年的丰厚文化底蕴在这条悠长的河流岸边延续、积淀和演绎,这里的民居、建筑、土地使用和运输设施都有着浓厚的传统文化色彩;

(3)莱茵河中上游河谷是狭窄河谷中发展传统生活方式和对外文化交流的典范。两千年来,在峡谷陡峭的斜坡上形成了独特的景观,但是这种土地使用模式正面临着当今社会多重压力的日益威胁。

图6.47 古堡、河谷共同见证莱茵河的历史

图6.48 当代人文景观融入了自然与历史景观当中

绵延65 km的莱茵河中上游河谷,及其沿途的葡萄园、古堡和历史城镇生动地描述了一段与自然环境相缠绕的漫长的人类历史(图6.47,图6.48)。这里发生了众多历史事件,演绎了许多伟大传奇,几个世纪以来,为无数的画家、作家和音乐家提供了无穷的灵感和创作的源泉[2]。

6.3.3.2 莱茵河流域的衰败

几个世纪以来,莱茵河作为一条自然河道,正是由于人类活动不断地

---

① 世界遗产委员会遴选标准。
② 世界遗产委员会对中上游莱茵河河谷(Upper Middle Rhine Valley)的评价。

进行灾害治理与资源利用,才使其呈现出一种文化属性,并向着人文景观逐步演进。今天的莱茵河实际上已经作为一种文化形态而存在了,一方面表现为人与自然之间,即人们在与莱茵河自然环境斗争的过程中对洪水进行的控制;另一方面表现在人与人之间,集团利益和价值观的不同导致的污染的排放与治理。

早在罗马时代,先民们就开始对莱茵河进行大规模的改造,并逐渐积累起与洪水共存的经验。此后,为了使该地区适合居住,人们在莱茵河三角洲地区挖渠筑坝、人工排水造圩、防洪、大量使用风车围垦湖泊、排灌、修建蓄水渠大规模排水和疏浚河口等。到20世纪,利用潮汐河流,大面积围垦……正如西方人常说的那样:"上帝创造了世界,而荷兰人创造了荷兰"①。从这一层面来看,荷兰人近千年来一直拥有着世界上最先进的设计文化之一。他们自始至终都是用十分现实的方式去建造他们的真实的环境。

前工业社会时期,莱茵河流域的土地主要用于农林渔等产业,人类对莱茵河的破坏主要表现为大量砍伐森林、生活污水排入河流、对河流洪泛区的侵占与围垦,造成土壤侵蚀和洪水的加剧,大大降低了莱茵河流域的调蓄能力。20世纪以来,莱茵河流域作为欧洲最重要的流域之一,曾经历经劫难,它见证了这个时期欧洲文明从屈服自然到征服自然的工业化征程以

图6.49 莱茵河流域在各国的分布

及周边城市近百年的历史兴衰(图6.49)。大规模城市化进程以及航运的发展给莱茵河带来前所未有的压力(图6.50)。为了能最大地发挥河道的经济价值,人们对莱茵河进行裁弯取直以及渠化,减少岔道以方便航运,同时也将大面积的洪泛区改造成了可以利用的土地(图6.51)。修建大

---

① 董哲仁.莱茵河——治理保护与国际合作[M].郑州:黄河水利出版社,2005:141-142

整治前（1828年）

整治后（1872年）

整治和渠化后（1963年）

图 6.50　斯特拉斯堡附近的上莱茵河改造前后对比图

坝、水电站、拓直河道、截断小支流等种种工程措施将莱茵河变成一条丧失自然动态变化和自我调蓄能力的人工水渠。同时，强大的制造业带来了大批量的能源、化工等固体废物、废气、水污染，农业所用的杀虫剂等农药直接排入莱茵河或下渗污染地下水，并导致大量生物灭绝，周边区域与城市的生态环境破坏超过了历史上任何时期。曾被歌德誉为"上帝赐福之地"的莱茵河俨然成了一条"欧洲下水道"[①]。到 20 世纪 60 年代末，随着欧洲工业开始转型，莱茵河流经的区域内大量的工业基地也随之缩水，原本受到严重污染的生态环境持续恶化，周边区域与城市也随之衰败。

图 6.51　莱茵河沿岸港口

图 6.52　剧毒物污染莱茵河, 瑞士

　　然而，人们对于这种缓慢恶化的环境警惕性总是若有若无，只有惨痛的教训才会促使人们突然觉醒。1986 年，瑞士巴塞尔市桑多兹化学公司

---

① 薄义群,卢锋.莱茵河——人与自然的对决[M].北京:中国轻工业出版社,2009

仓库起火,大量剧毒农药顺着下水道排入莱茵河(图6.52)①。这场生态灾难直接成为莱茵河治理的转折点。事故发生后,莱茵河沿岸的各个国家负责人员连续在苏黎世和鹿特丹召开紧急会议,商讨对策,最后委托保护莱茵河国际委员会(International Commission for the Protection of the Rhine Against Pollution,ICPR)制定一个彻底根治莱茵河的方案。1987年,在法国斯特拉斯堡举行的环保会议上,沿岸国家的环境部长一致通过了保护莱茵河国际委员会制定的《2000年前莱茵河行动计划》。从此,莱茵河的治理掀开了新的一页。

6.3.3.3 莱茵河2020:重塑流域生机

幸运的是,当地政府并没有辜负民众的期望,在多方共同努力之下,保护莱茵河国际委员会开始了莱茵河的重生之路。该组织随即制定了一系列的保护措施和规章制度:其中,水质改善是《1987—2000年莱茵河行动计划》中最为重要的一部分,包括水质监测、污染清理、水警稽查等,而在保持河流生态系统的完整性方面是未来行动措施的重点。然而,河流的整治是一个综合的系统工程,各成员国合作范围不仅限于水质方面,还要恢复整个莱茵河流域生态系统,例如保障沿岸居民的饮用水源、改善淤泥质量、污染清理、修建鱼道、改善动物栖息地、恢复植被以增强河流的自净能力……并努力恢复河道的自然特性,将原来水泥渠化的河岸重新引入自然系统的生态过程。《莱茵河2020——莱茵河可持续发展计划》为莱茵河生态系统的可持续发展确定了总体目标,为改善生态系统、防洪、水质和地下水制定了详细的目标与措施②:

一、改善生态系统

在莱茵河沿岸和低地:减轻莱茵河整治河段下游河床冲刷严重的状况,恢复河流和冲积地区原有的水力和生物联系;维护流域健康的自然生态系统或划定自然发展区,发展天然河床;重建提防,恢复洪泛区;进行环保水管理,以改善莱茵河及其周边水体生态环境;保持莱茵河的自由水流河段,保持航道以外的砂砾沉淀;修建洄游设施,恢复动物栖息地。

---

① 1986年11月1日,瑞士巴塞尔市桑多兹化工厂仓库失火,近30吨剧毒的硫化物、磷化物与含有水银的化工产品随灭火剂和水流入莱茵河。顺流而下150 km内,60多万条鱼被毒死,500 km以内河岸两侧的井水不能饮用,靠近河边的自来水厂关闭,啤酒厂停产。有毒物沉积在河底,致使莱茵河因此而"死亡"20年。

② 2001年部长级会议,《莱茵河2020——莱茵河可持续发展计划》,参考:董哲仁.莱茵河——治理保护与国际合作[M].郑州:黄河水利出版社,2005

图 6.53　位于荷兰境内的下莱茵河围堰(左)以及旁边的鱼道(右)

在莱茵河流域:恢复流域洪泛区域;对蓄洪区综合利用,恢复自然水流;保护生物多样性,鼓励植树造林、粗放式耕作;拆除不使用的围堰,恢复迁徙鱼类支流的自然生态特征;保护完好的产卵地和鱼类生境(图 6.53)。

二、防洪

在莱茵河沿岸和低地:通过生态行洪方式提高防洪标准;恢复洪泛区以及采用技术性蓄洪设施,提供蓄洪能力;绘制洪泛区和易受其影响的风险图,改进预警系统,并采取防御性措施。

在莱茵河流域:植树造林、推广粗放耕作,采用技术性蓄洪设施,并加强雨水渗透,恢复河流自然状态和洪泛区,提高莱茵河流域的蓄洪能力。

三、改善水质

严格执行 ICPR 的有关决定,从莱茵河捕捞的鱼、蚌、虾必须可以食用,疏浚淤泥不会破坏环境,水质必须达到仅简单自然净化即可饮用,沿岸适宜地方可作为浴场。建立污水排放自动集成监测系统和预警系统,进一步开发使用统一的生物毒害评估方法;通过使用先进环保的技术,减少污染物的排放;推广有利于环境的土地管理、生物耕作和粗放耕作措施,并保护自然地貌。

四、保护地下水

为确保地下水水质和地下水抽取和回灌的平衡,推广环保农业,如粗放耕作和生态农业;对地下水资源情况进行全面调查。

在此之后,莱茵河流域管理的成功为世界各国河流保护行动树立了典范,并逐步将现有经验进一步发展为以大型河流为流域尺度的整体生态恢复(图 6.54)。

在经历这样一次反省与悔过之后,人类对自然的认识也逐渐变得成熟起来,人类的生存方式和文化价值观也随之转变。莱茵河的生态恢复也带动了周边地区的城市更新与再生,人们将工业时期所留下的遗迹作为一种文化遗产保护起来,场地中的文化也得到了积累与延续。这种做法唤醒了公众对过去历史的认知,并积极融入现代人们的日常生活之中(图6.55)。

图6.54　充满自然生机的莱茵河

图6.55　莱茵河工业遗迹,杜伊斯堡

这条被生物学家宣布已经"死亡"的河流,如今死而复生,流经9个国家依然清澈如许。从"上帝赐福之地"到"欧洲下水道",再到今天重塑"200年莱茵浪漫"。我们已无法理清是人类改造了河流,还是河流改造了人类。

总之,它从根本上改变了当地人对自然的态度,改变了他们的生活方式和消费欲望,一种更加环保、自然的生活方式正悄无声息地被越来越多的公众接受。也就是说,我们在重新审视人与自然的关系的同时,作为一种物质形态的自然河流的变迁已经开始引导人类社会的文化价值观发生转变,人们依据新的对自然的认知和文化价值观来指导当前的实践。这或许正是马克思所说的:"人在改造自然的同时,自然也在塑造人"的真正含义吧!

大自然的作用总是显示着惊人的破坏力,人们不断的干预与自然力之间此消彼长的结果使得原本具有自然属性的河流呈现出一种文化属性。莱茵河作为西欧第一大河,通过自然河流的连接作用将流域范围内的各个国家和地区整合到了一起。莱茵河保护与治理的国际合作和信托责任为我们大河流域整治树立了典范,社会舆论、健全的运行机制和各成员国的认真执行都保证了治理措施落到实处。它从更大尺度范围进行全面的操作与管理,整合地理、水文、自然以及人文生态系统的时空连续性和完整性,最终引导整个地区焕发出新的自然与人文活力。

6.4　本章小结

本章通过对区域与城市发展所面临的问题进行分析,将自然生态向人文生态演进作为区域与城市复兴的框架系统的一部分,探讨了融合区域与城市发展的自然生态向人文生态演进机制。

风景园林在城市发展中的社会角色已经逐渐演变成为一种引导城市复兴的绿色基础设施,对城市衰败地区的更新,推动城市新区发展,塑造并提升城市形象,加强城市的凝聚力等方面都具有不可替代的作用。另外,依据当前社会的现实状况,提出了符合当代社会文化价值观的区域与城市发展理念,使风景园林中自然生态向人文生态演进。

与此同时,结合两个不同尺度的案例研究,分析了融合城市发展的自然生态向人文生态演进的实践策略。弗莱士河公园是在垃圾填埋场的基础之上改造成为一个为城市提供休闲、游憩的大众公园,在保留了一定场地特征的同时,利用植被修复以及相关工程措施使得周边社区重新焕发出人文的活力,并促进整个地区的自然、社会、经济和文化的全面提升。另外,莱茵河流域,地处欧洲文化的腹地,两千年来都持续不断地贯穿着这样一个自然的人文演进历程。然而到了近代,对自然的毁灭性破坏,彻底扭转了人们对城市与自然关系的认识。作为一个高度人工化的环境,现代城市的掠夺式开发与扩展,给地区的自然生态环境带来了极大的破坏,在某些城市已经危及人类自身的基本生存。因此,人类开始反思,重新挖掘自然生态系统与城市的内在运作规律之间的关系,并转向一种人与自然协调的社会发展道路。

7 当代我国自然生态向人文生态演进理念的新探索

　　　　我们如何对待自然生态环境，完全取决于我们如何看待人与自然之间的关系。再多的科技也无法解除当前的全球性生态环境危机，除非我们找到一个新宗教，或重新审视我们原来的宗教①。

　　　　　　　　　　　　　　　　　——L. 怀特（Lynn White）

　　如果说过去的一切都被称之为"历史"，那么我们无时无刻不在创造历史。从大的时间跨度来看，我国是一个拥有着几千年历史文明的国家，历史的演进历程为我们呈现了风景园林发展的兴衰与变迁，更是蕴藏着其深厚的人文底蕴和丰富的哲学思想。然而到了近代，"自然的人化"的演进历程受社会更替的影响，遇到了一定的障碍，近一百年把我国当代社会生活与一百年前的中国完全割裂，传统文化没有很好地传承，有相当一部分的风景园林史论研究仅仅把历史作为可以传颂的知识来学习，而不对当前风景园林面临的问题进行深入的探索和本质内涵的挖掘。

　　理论研究要有所创新必须要针对当前出现的问题以及现象进行反思，然后根据当代社会的发展需求做出新的探索。本章内容首先针对我国现有风景园林的现状进行了反思，找出问题存在的根源，然后结合笔者参与的设计实践，对杭州西湖"自然的人化"的演进历程进行了全面而系统的研究。杭州西湖在历史的延续、文化的积淀、自然的保护、社会的发展、城市的繁荣等方面，具有多重的参考价值和良好的借鉴意义，其上千年一直保持着的自然资源以及不断变迁着的、始终活着的人文生态模式是风景园林中自然生态向人文生态演进研究的活化石。

---

① Lynn White. The Historical Roots of Our Ecologic Crisis[J]. JASA,1969(06):42-47

7.1 我国自然生态向人文生态演进理念的现状与思考

　　社会发展到今天,风景园林行业的范围已经得到了极大的扩展,它早已不是绿色的代名词,而是一个协调自然系统和人类系统的综合学科。改革开放 30 年,人们对风景园林的兴趣似乎日益高涨,社会、经济的快速发展促使风景园林进入了每一位公众的视野,这为当前风景园林创造了良好的发展机遇。

　　然而近些年来,我国风景园林大量建设也带来了一些消极的影响。从明代的海禁,不许对外贸易到清代的锁国,民国的内战,日本侵华,到解放后的文化大革命直至今天,我国正处在自有历史以来经济增长速度最快的阶段之一。社会发展带来的巨大建设量,使得理论建构远远跟不上设计实践;同时,人们现有对自然的认知水平和文化价值观极大地制约了风景园林理论的更新与发展,无法满足当代社会生活日益多样化的需求。主要表现在对风景园林文化的挖掘、延续还没有能够调整到与社会协调发展的水准;科学技术的发展并没有给生态环境带来较大的改善,对自然的认知水平还远远落后于经济活动;特别是城市建设方面由于近代社会文脉的割裂、急功近利、大拆大建而缺乏长期的积累!

7.1.1　对自然认知的不足

　　前工业社会,国内对自然的认知大都表现为对大自然的敬畏与崇拜,不论是针对农业景观、聚落周边环境等的真实生态问题的解决,还是针对私家花园、皇家苑囿等传统园林的象征性的自然模拟,人们都是极力遵循自然的规律而采用适宜的干预措施来满足人类活动的需求。在这里要特别强调的是中国传统社会对自然的模拟并不只是对其形式的复制,而是体现为一种"道"的领悟,古人探索自然之美的方式在于通过对自然的仔细观察和深刻感悟与联想来寻找其自然的内在规律,并将其视为"人的外化"。正所谓的这种"道法自然"提高了人们的认知水准,进而更好地指导了人们的真实实践。

　　到了近代,人类科学技术的发展使得我们有能力解决任何自然生态环境的问题,然而,人们对自然的认知的局限才是制约风景园林发展的关键因素。现代景观建设习惯性的大拆大建、形象工程,导致自然系统的维护不到位,生态环境急剧恶化。同时,风景园林的服务对象得到了大大扩展,公众对生活环境的需求与日俱增,快速建设导致人们只注重绿地的数量,不注重绿地的质量;只注重自然的视觉效果,不注重自然的生产功能(包括自然演进、自我修复与更新等)。因此,人们对自然的认知不应只停留在将其作为人类表演舞台的装饰性背景来看待,而是需要把自然作为生命的源泉、社会的环境、诲人的老师、神圣的场所来维护,尤其是需要不断地再发现自然其本身的还未被我们掌握的规律,寻根求源①。

另外,现代人们对自然的认知往往来源于自然物质形态的软硬曲直,以直线形的和曲线形的形式来简单判定是否是顺应自然。我们应该建立起一套从自然的自我演化过程中寻找其内在规律,依据自然的本质来建立起科学理性的自然观。自然物质形式的软硬曲直本身只是其表面现象,并不能代表自然的本质,我们要关注作品的内在思想。如果对自然的认知来源于场地中的地域特征,无论其物质形态是直线形的还是曲线形的都是有意义的,都代表了场地中的文化,并体现了一种人文的自然观。

7.1.2 抽象审美的文化价值观

长期以来,东方传统景观大多都是和自然力量的神秘崇敬联系在一起,与西方社会将景观更多与布景、风格联系在一起的观念有很大的不同。前者是基于设计者的经验构思,通过各种自然景象以表达内心世界的方式来营造景观,注重人与自然的相互关系和包容性;而后者则强调自然与人文的二元属性。受西方现代主义的影响,大量的设计将场地中的人和空间抽象出来,探讨物质空间的塑造,将空间艺术形式作为设计师的审美趣味,并以此作为当代风景园林文化内涵的塑造。然而,场地不可能是一个抽象的超验空间,使用者的活动也不可能理性的再现,这种基于视觉审美和形态构图的风景园林文化具有明显的局限性,受到一些先锋派理论家和设计师的质疑。

7.1.2.1 布景式景观

古代英语词汇山水(landskip),其最初所指的并不是一处场地,而是描绘这一场地的景象,到了后来成为一种审美表现技法用以特指 17 世纪荷兰风景(lands chap)绘画。这种绘画类型出现后不久,一些设计师就将

---

① 尹恩·L麦克哈格著;芮经纬译. 设计结合自然[M]. 北京:中国建筑工业出版社,2005

该布景式的概念应用到了景观当中。在这种布景式的概念的指导下，景观作为一种风景术语展现出令人愉悦的风光并且带着人们的怀旧情结回到共同的历史符号中去。布景式的景观脱离了当代人们的现实生活，试图从过去理想意向中逃避现实困难的单纯文化符号。正如詹姆斯·科纳（James Corner）认为，布景式的景观仅仅是一个空洞的符号化元素堆砌，它是人们美学化了的不包含任何意义的审美形式和没有许诺的未来①。

7.1.2.2　历史主义怀旧情结

今天，在中国有相当多的设计都是将场地上原有的文化景观进行彻底改变后，根据考证、历史挖掘甚至揣测进行"文化"设计和建造，在重新塑造的山水空间中点缀仿古建筑、山石、雕塑、具有象征意义的植物，但唯独不顾场地上的文化景观遗存（王向荣、林箐，2009）。他们为了让一些符号化的东西有"含义"，于是硬着头皮牵强附会，并将"诗情画意"赋予风景来凸显所谓的历史文化，似乎只有通过添加一些文化符号，并讲述一个历史故事，大家才能接受这个景观②。而且，公众对这种矫情的做法并不觉得有什么问题，甚至有些人还很乐意按照这种文化符号的罗列去讨个说法。它虽然强调了风景园林的"文化"属性，但这种调侃式的历史文化元素通常变成了一个高度美学化了的历史符号，其抽象的历史符号并不能与现代人们的日常生活互动，人们往往游离在景观之外，这种文化符号同样表达了一种怀旧的审美情结。

7.1.2.3　形式主义倾向

有些景观从视觉效果出发，围绕着各种各样的风格而展开，其抽象宏观的风景园林形式追求企图塑造一个永恒不变的凝固状态。设计师对风格的追求常常表现出浓厚的兴趣，把风格定义为设计师的个人发明，而不关心景观本身如何运作③。他们关注抽象的空间，而忽略了事件（人对空间的使用）的组织以及景观作为动态的活动空间是随时间变化的空间体验。有些设计师为了达到某种标志性造型，将场地中那些看似杂乱的历史痕迹彻底地清除，取而代之的是强有力的干预，以一个局外人（与场地、

---

① ［美］詹姆斯·科纳著；吴琨，韩晓晔译. 论当代景观建筑学的复兴[M]. 北京：中国建筑工业出版社，2008

② 冯炜. 景观叙事与叙事景观——读《景观叙事：讲故事的设计实践》[J]. 风景园林，2008（02）：116－118

③ 张永和. 坠入空间——寻找不可画建筑[J]. 建筑师，2003（10）：16，17

空间没有任何关系)的视角对空间设定一个固定的形态,扫除一切不可预期的因素,进而维持一个永恒的完美状态。

7.1.2.4 当代消费语境下的时尚趣味

当代景观企图根据功能、经济和美学因素来重新构建我们千百年来赖以生存的栖居环境。许多人将景观理解为对现实的审美和模拟的表达,大量的景观受制于所谓"风格和形式"的困惑,构建一个具有视觉整体效果的画面,其目的只是为了固定的摄影角度、精美的图式和合乎大众口味的时尚趣味。今天这个"风格",明天那个"主义",以至于产生了大量的符号化的文化元素,在巨大的建设浪潮中标榜自己,并急于自我文化身份的定位①。当代景观中符号化认知使得设计师对形式的偏好远远超越了景观本身所应展现的潜质,一些贴上时代标签的景观元素则转变成了投资方的时尚趣味,成为设计师推销"产品"的形式代言。

我国当前的风景园林文化仍然采用宏大的、抽象审美的、单一的、历史符号化的设计策略,它在当代景观文化反思的过程中受到越来越多的先锋理论家与设计师的质疑。这种狭隘的文化元素符号必须突破现有的认知局限寻求历史性跨越。当代风景园林文化,作为一种观念性的策略引导着自然进程与文化进程,指向一种社会认知和复杂、生动的叙事过程,它根植于当代人们的现实生活体验以及内在的社会结构,并展现出丰富、多元的当代文化特征。

7.1.3 城市中自然资源与人文景观的破碎

当代城市单一的发展模式导致自然生态系统迅速退化,基于城市居民日常生活所需的自然生态系统服务功能也遭到破坏,自然文化生态系统的自我修复能力的丧失使得区域与城市的人文活力消退,最终走向衰败。

随着城市化进程的日新月异,人们日益增长的物质文化对现有的城市环境提出了更高的需求。我国现有风景园林在城市中的社会角色还仅仅限于绿化的层面,只注重绿量。大尺度的绿地建设并没有考虑人们使用需求的多样性。公园与城市隔离,与人们的日常生活隔离,不能带动周边社区的更新与发展。同时在城市文脉的延续性、场所塑造方面存在一

---

① 周榕.时间的棋局与幸存者的维度——从松江方塔园回望中国建筑30年[J].时代建筑,2009(03):24-27

定的文化认知局限。我们通常把前人留下的历史遗存不当作场地中独特的文化特征,而任意铲除,用新设计建造的"景观"替代;我们也把周围的自然环境不当做自然,而任意摧毁,用新设计建造的"自然"替代。例如大量城市新区的建设普遍采用一种"三通一平"的高效率工作模式,包括通电、通路、通水,土地平整等前期准备工作。这种具有一定"规范性"的土地开发程序成为几乎所有工程"先进、高效"的标志。我们不难理解,国内这种类似"三通一平"的规范性要求主要还是来源于国内对自然的认识不足以及社会文化价值观的缺失导致的(图7.1,图7.2)。我们铲除、新建,再铲除、再新建,无论是自然还是文化,我们没有积累,我们正在逐步铲除这个国家的自然和文化的特征(王向荣,2008)。国内外自然观和文化价值观念的差异是导致当前风景园林在借鉴西方的过程中失败的根本原因。

图7.1　彻底铲除自然的所有痕　　图7.2　某城市新区行政中心选址,施工队
　　　　迹进行文化建设　　　　　　　　　伍正在加紧推进"三通一平"工作

我们似乎怀着对当代先进科学技术近乎宗教般的信仰,而对世世代代先辈们所积累起来的生存经验和社会价值观念置之不理。风景园林已经涉及我们生活的方方面面,它早已不只是作为一种自然物质形态而存在了,还具有文化属性、社会属性、经济属性。我们应在这多种层面下建立起一种人与自然相互协调的社会发展模式,并在多元价值理念下寻求平衡。

风景园林中自然生态向人文生态演进在作为一种理念出现的时候,它实际上是在寻求一种人类普世价值观念的认同,而不是去倡导那些所谓风格和形象的风景园林形式。笔者认为只有在人类活动的过程中融入深厚的人文理念,促使其自然生态向人文生态演进,才能真正回归诗意栖居。我们很难想象一个没有文化支撑和社会伦理的工程改造活动能够创造出理想的栖居环境。因此,我们还得回到几千年来这一恒久的话题:自然观的认知和文化价值观的认同。

7.2 杭州西湖①的自然生态向人文生态演进图景: 2000—2010②

前文在对我国现有风景园林中自然生态向人文生态演进的现状做了概要性回顾,并对此进行了理论反思与探索。国内风景园林中的自然文化理念与国际上的先进理念和科学的方法论相比,存在一定的差距。然而,由于社会、文化、经济、自然条件等因素的不同,我们不可能去照抄国外的先进理念。当代中国风景园林的理论局限与实践困惑的消除还需要回到我们自己的现实情况中来,充分利用现有的巨大的风景园林建设量,理论探索与实践检验相结合,不断探索适应我国风景园林发展需求的自然文化理念和方式。

众所周知,杭州西湖以它无与伦比的自然景观和文化特征闻名于世,在一千多年的人文生态演进历程中,一直处于中国哲学思想和文化艺术活动的中心位置,它一直在不间断地影响着我们的生活方式和文化体验,它几乎构成了杭州人日常生活经验中不可缺少的一部分。这种历史的连贯性更加突出了西湖经历了近千年的自然生态向人文生态演进的伟大历程。直到 21 世纪的今天,西湖仍然以"自然的人化"这一核心文化价值理念,不断地适应着时代的变迁而继续向前演进,并表现出一种新的当代杭州文明形态。

幸运的是,笔者在导师门下,作为主要项目成员参与了关于西湖的研究课题以及相关的研究型实践项目,其中杭州西湖综合保护工程:《重塑天堂——杭州西湖区域的整治与更新》(REMODELING PARADISE:

---

① 本章节中所引用的设计实践为作者作为项目小组主要成员在导师的工作室(北京多义景观规划设计事务所)参与的实际项目。本章节所引图片除注明外,均来源与导师主持的项目图纸、甲方提供资料和现场拍摄照片,部分文字引自项目规划说明,不再一一注明。

② 一个多世纪以来,传统的自然认知系统和人文价值体系逐渐退去,特别是 20 世纪 90 年代,西湖周边区域城市化的加速,亟待建立起一种能代表当代社会文化的价值体系。从 1999 年正式提出西湖申报世界遗产至今,2000—2010 是西湖综合保护工程的关键时期,它不仅挖掘出历史上西湖的自然人文价值,也展现了当代杭州西湖的时代特征。

Landscape Renovation Round West Lake Region in Hangzhou)获得了2010 年美国风景园林师协会(ASLA)分析与规划类荣誉奖。近几年,笔者曾多次造访西湖、体验西湖,并在实践的过程中体会导师一贯倡导的风景园林文化理念以及人文的自然观等学术思想,这让我对西湖有了一个全面的认识和更深层次的理解。这些都为我在本课题——风景园林中自然生态向人文生态演进理念的研究中做好了充分的理论支持与实践检验。

7.2.1 阅读风土西湖——西湖的历史演进概述

杭州西湖以其无与伦比的自然风光和人文历史吸引了历代文人墨客来此抒发思绪,并留下了无数万古传唱的诗句。正可谓:"观西湖之妙,实在是妙不可言。"自唐代以来,西湖就在全国范围内引起人

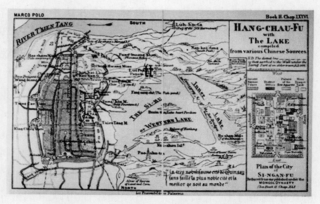

图 7.3 《马可波罗游记》中的西湖地图

们的注意,描绘西湖美景的文字、书籍可谓是汗牛充栋、数不胜数。早在700 年前意大利旅行家马可波罗就将杭州誉为人间天堂,现实的乐土(图7.3)。而现在我们从一种新的视角来阅读西湖,从西湖的历史性、地域性和自然物质文化演进方面,并结合人们的现实生活,探讨这个地区的文化进程以及自然物质的空间见证。

7.2.1.1 西湖的形成

西湖最初作为自然的产物同样有一个漫长的自然演化过程。著名科学家竺可桢先生早年对西湖的形成及演化做过系统的研究,并于1921 年第 4 期《科学》杂志上发表了《杭州西湖生成的原因》一文,文中指出西湖是一个礁湖。他认为西湖原本只是位于钱塘江口左近的一个普通海湾,由于南面的吴山和北面的宝石山形成两岬对峙,钱塘江带下的泥土在原有的湾口淤积,再加上地质学上的"沉积作用"和人类活动,更加剧了堆积

过程,最终原本与海湾相通的湾口演化成了一个与大海彻底隔绝的泻湖①。周边三面群山上的溪流小涧也自然而然地成为后来西湖的主要水源,原来的咸水湾也在这些自然溪流(金沙港、龙泓涧、赤山埠、茅家埠、长桥溪等)的不断冲刷作用下,湖水的含盐量逐渐降低,最后变成了一个淡水湖。同时地质工作者汪品先等人也认为,在第四纪期间,西湖经历了山涧谷底—淡水湖—早泻湖—海湾—晚泻湖—淡水湖的自然演变过程(图7.4),今日的西湖,是冰河后期海面上升与河口泥沙堆积共同作用的产物②。

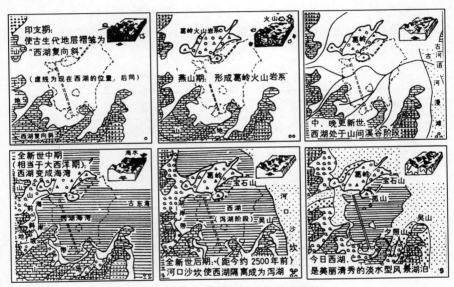

图7.4 杭州西湖的地质学演变历程

7.2.1.2 西湖的自然演进主题——淤塞、荒芜

西湖在成为一个普通的天然淡水湖之后,周边群山溪流作为西湖最主要的水源的同时也挟带了大量的泥沙,再加上湖中水生动植物残体的沉积,迅速地进入了一个新的自然演化过程——沼泽化。在地质和生物循环的双重作用下,湖底不断变浅,水域急剧退化,水草丛生,对于在这样一个处于相对静止状态下的湖泊,沼泽化是其天然发展演变过程的一般

① 参考《辞海》,泻湖是浅水海湾因湾口被泥沙淤积成的沙嘴或沙坝所封闭或接近封闭的湖泊。

② 汪品先,叶国梁,卞云华. 从微体化石看杭州西湖的历史[J]. 海洋与湖沼, 1979,10(04)

规律。同时,自秦代以来人们就已在杭州地区设置钱唐县,特别是到了唐代,杭州就成为远近闻名的繁华都市,当地人们的生产生活更是加剧了西湖原本作为一种自然物质形态存在的泻湖的沼泽化过程,最终遭遇人为围垦而消失。

事实上,西湖的沼泽化过程是相当迅速的,从最初形成时期直至今天,湖床经历过多次变迁,虽然经过历代的淤塞—疏浚—再淤塞—再疏浚的过程,但由于种种原因,湖体面积总体上仍然呈现逐步缩小的趋势(表7.1)。唐代长庆年间白居易任杭州刺史时,湖中已出现了葑田数十顷;而在他浚湖以后不到百年,湖面又被葑草蔓合,湖底淤浅,面积缩小。历史上的西湖被周边居民围垦是常有的事,倘若不加任何管制,不出二十年,西湖就将湮灭了。

表 7.1 西湖湖床面积的变迁

时　间	西湖湖床的面积变迁
距今约 2000 年前	是今天西湖水域面积的数倍,之后很快进入了沼泽化时期
汉唐时期	人工疏浚后面积为 10.8 km²
宋元时期	人工疏浚后面积为 9.3 km²
明清时期	人工疏浚后面积为 7.5 km²
民国时期	全湖面积 7.46 km²,除去湖中三岛为 6.63 km²
1984 年	除去湖中三岛、长堤、孤丘,水域面积约 5.68 km²
2001 年	全湖面积 6.03 km²,除去湖中三岛、长堤、孤丘,水域面积约 5.66 km²
2003 年	西湖西进恢复了 0.7 km² 的水域后,面积约 6.36 km²

7.2.1.3 西湖的人文演进主题——疏浚、整治

西湖之所以能够保存至今,虽然历经坎坷,但总体上来说,人为遏制其自然沼泽化过程的努力最终战胜了自然的退化过程。正如竺可桢在《杭州西湖生成的原因》中所说,"倘使没有宋、元、明、清历代的开浚修葺,不但里湖早已受了淘汰,就是外湖恐怕也要为淤泥所充塞了。"(图7.5)换言之,西湖若没有人工的浚掘,一定要受天然的淘汰。现在我们尚能徜徉湖中,领略胜景,亦是人定胜天的一个证据了(表7.2)。

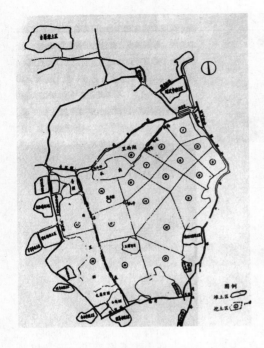

图 7.5 杭州西湖疏浚示意图

然而,既然天然湖泊的沼泽化过程是其自然演替过程的必然结果,那为什么人们耗费如此大的人力、物力、财力去治理这样一个相对脆弱的湖泊呢? 这就要联系到它在当时社会发展中的作用及其地理位置。随着周边的聚落发展为城市,西湖也逐渐开始与城市发生关系,并为繁华的商业城市解决了诸如灌溉、饮用水等一系列的民生问题。其实,早在苏轼给宋哲宗的上书《杭州乞度牒开西湖状》中就指出,西湖如若湮废,居民无水可饮,必将迁离,城市也就不复存在了。他将西湖的存在与杭州城市的发展紧密联系起来,明确地指出西湖对杭州百姓生活的重要性①。

西湖上千年来的自然与文化演进历程共同构成了今天这样一个风景优美的自然文化遗产地,它历时性地展现了"自然的人化"这一过程,是从自然生态向一种人文生态演进的鲜活的教材。从长远来看,西湖水域淤塞荒芜导致自然生态系统的退化以及杭州人对西湖的疏浚、整治与再生,仍将是西湖未来发展的两大主题。

---

① 郑瑾. 杭州西湖治理史研究[M]. 杭州:浙江大学出版社,2010:32

表 7.2 杭州西湖历次重大整治情况概述及其新增文化景观

朝　代	水域变化	新增文化景观	整治措施
唐代	白堤	白堤	白居易在任杭州刺史期间，用疏浚所挖的淤泥修筑长堤，名曰"白堤"，从此西湖由一个天然湖泊变成一个人工湖泊。五代时期，吴越国王钱镠组织千人"撩湖兵"对西湖进行一次大规模疏浚
宋代	湖心亭 苏堤	苏堤　湖心亭	北宋苏东坡来杭任知州时，进行了一次大规模的浚湖，用湖泥在湖中堆筑了一条沟通西湖南北的"苏堤"。湖心亭岛相传为苏轼所筑三塔之一的旧址。宋元年间为湖心寺
明代	杨公堤 小瀛洲	杨公堤　小瀛洲	明正德三年，杨孟瑛到杭任知府后用疏浚所挖湖泥在西山脚下堆筑了一条长堤，即"杨公堤"。小瀛洲以三潭印月而闻名，初建于明代万历三十五年，它是使用疏浚的湖泥堆积而成的
清代	阮公墩	阮公墩	阮元任杭州巡抚时，效仿苏东坡的做法，将疏浚所挖湖泥，积葑为墩，垒成湖中一个小岛，即"阮公墩"
新中国成立前后	太子湾公园	太子湾公园	1951—1959 年，西湖开始了全面的清淤浚湖工作，使湖水平均深度达到 1.8 m，最深处 2.6 m。此后常设机构——西湖水域管理处将疏浚西湖的工作作为日常任务之一。1988 年，杭州园文局将两次疏浚的淤泥堆放地建设成风景优美的太子湾公园

朝　　代	水域变化	新增文化景观	整治措施
2003 年	金沙醇浓 ·双峰插云 茅乡水情 ·三台泽韵 法相寻梅·花山杜鹃	西湖西进	西湖西进工程将湖西已经变为陆地的区域恢复至 300 年前的水域,是西湖重要的疏浚工程,形成了金沙醇浓、双峰插云、茅乡水情、三台泽韵、法相寻梅、花山杜鹃等新的人文景观
2008 年	江洋畈生态公园	江洋畈生态公园	1999—2003 年,西湖疏浚所挖湖泥堆积于玉皇山南的江洋畈淤泥库区。经过几年的自然干化,原来淤泥库区已逐渐演化成了一个带有西湖植物特征的次生湿生林生境。2008 年,由多义景观事务所将其改造成为一处体现当代杭州文化内涵的人文景观

7.2.1.4　当代社会转型时期的西湖

当代科学技术的迅猛发展为西湖的治理提供了更多的科学依据。我们能够对地表及地下径流的自然地理条件,抵制环境污染,土壤化学特征,气候因素,水土自然风化和流失以及西湖底泥的污染等进行系统分析和全面整治,创造良好的生态环境在技术上是完全可以达到的。然而,现当代社会的快速发展,生活节奏的急剧加快,人们对事物的理解往往过于简单而缺乏文化内涵。当代人们的审美标准和文化诉求与传统农耕文明下的价值体系大不一样,只是将其作为一片普通的城市绿地,并且从绿化率的角度来评估其对城市的价值,这种纯粹物质形态的认知方式将使西湖的自然文化遗产属性大打折扣。正如杭州园林文物局陈文锦形容的那样:"按照当时易位的管理理念和管理体制带来的'建设性破坏',西湖不断地被城市所蚕食,这样演变下去,西湖最终有可能成为城市的一个高档社区加上几个文保单位而已。"西湖作为一种独特的文化形态在当代社会转型的大环境下难以延续与发展,部分面临着文化的消退、突变与迷失,我们有必要深入挖掘西湖文化,并重新凸显其价值。

纵观西湖近千年来的发展演化历程,由海湾到潟湖再到人文湖泊,是一部和人类活动、城市发展唇齿相依的漫长历史。然而直到今天,人们对西湖的依赖已经不再像古代那么重要了。现在杭州的饮用水、农业灌溉等问题并不依赖于西湖,因而西湖对于今人的意义逐渐转化为当代社会新的人文价值,包括:周边山林、湿地、水域自然生态环境的保护、西湖文化的价值以及促进杭州城市的发展等。

在长期的演进过程中,当代的西湖则由原来自然山水等物质形态逐渐演化成了一种以中国传统哲学、美学等艺术导向为基础的美的范例。原本一个自然湖泊的本质实际上已经作为一种文化形态而存在了。今天我们所看到的西湖之所以会受到古今中外的无数赞誉,并不是因为西湖水域或周边的山体等自然资源有多么突出,而是把西湖放进中国社会发展和文化演进的历史长卷里,通过人们的审美活动,将西湖地区丰富多样的风土人情等人文资源结合起来,才能感知到西湖独一无二的自然美与人文美①。

7.2.2 自然生态系统恢复——西湖水域西进工程②

前文已分析了西湖近千年来的水域变迁情况,虽然有历朝历代人们的疏浚清淤、筑堤捍湖、设闸、建坝等人工整治活动,但西湖的水域仍然呈现出逐渐消退的趋势。进入 21 世纪,杭州市的快速发展对西湖更是呈现出一种包围的势态。特别是湖西地区问题更为复杂,它已不只是一个自然生态环境的保护问题了,而是涉及城镇发展、文物保护、自然资源利用等多层面的社会问题。在这种背景下,西湖西进作为杭州市政府在新世纪的一项重大工程被提出来,目的是为了保证西湖风景区的永续利用而展开的一系列的综合治理工作,包括对湖底淤泥的清理、湖泊本身的治理,污水截留、上游清源、引水入湖、环湖绿化等。西湖西进工程将湖西已经变为陆地的区域恢复到了 300 年前的水域,是西湖重要的疏浚工程(图7.6)。

受现代城市发展的影响,除了由 20 世纪管理体制错位带来的"建设性破坏"外,长期的战乱也带来了自然文化资源的破坏。例如:文物的湮灭、污染的水源、杂乱无章的村镇建设、农林渔业的污染、植被退化、绿地

① 陈文锦. 发现西湖——论西湖的世界遗产价值[M]. 杭州:浙江古籍出版社,2007:22 - 26
② 王向荣,韩炳越. 杭州"西湖西进"可行性研究[J]. 中国园林,2001(06):11 - 14

不成体系、公园景区与城市隔绝、动植物栖息地被侵占等一系列城镇化所带来的问题。"西湖西进"作为西湖又一次重要的疏浚工程,需综合考虑

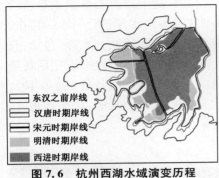

图例:
东汉之前岸线
汉唐时期岸线
宋元时期岸线
明清时期岸线
西进时期岸线

图 7.6　杭州西湖水域演变历程

图例:
适合拓展的区域
可以拓展的区域
不适合拓展的区域

图 7.7　利用地理信息系统分析图叠加后确定出适宜拓展的水域面积

区域内自然文化生态环境的状况,并进行科学合理的分析。利用地理信息系统将场地内的地形、地貌、植被、水文、建筑、文物古迹、交通等多个要素分别进行敏感度评价(2～4 个等级),确定其适合恢复的水面区域,最后将这些分析图叠加,并科学地确定出"西湖西进"中适于恢复的水面区域约为 66 hm²(图 7.7)。

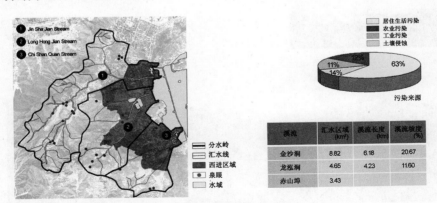

① Jin Sha Jian Stream
② Long Hong Jian Stream
③ Chi Shan Quan Stream

图例:
分水岭
汇水线
西进区域
泉眼
水域

居住生活污染
农业污染
工业污染
土壤侵蚀

63%
14%
11%
12%

污染来源

溪流	汇水区域(km²)	溪流长度(km)	溪流坡度(%)
金沙涧	8.82	6.18	20.67
龙泓涧	4.65	4.23	11.60
赤山埠	3.43		

图 7.8　西湖西进区域汇水分析

近年来,湖西地区常住人口的不断增多,自然生态环境急剧恶化,各种生产、生活污染排入西湖水域(图 7.8),泥沙淤积、围湖造田、城市建设侵占水面越来越严重,湖水中的有机质、氮、磷等含量不断上升,浮游生物也迅速繁殖,因此出现了历史上未曾有过的问题——富营养化。因此,改

善水质、恢复水体生态系统和自净能力成为西湖治理的新课题。首先，"西湖西进"将根据历史上的溪流湿地区域开拓大片湿地环境，并种植大量的水生植物，营造一种多类型、多层次、具有高生产力的复杂生态系统（图7.9）。其次，在不同的时段利用钱塘江或青山水库进行引水。再次，采取防治入湖径流泥沙及污染措施，针对西湖主要的补充水源（包括：长桥溪、赤山涧、龙泓涧、金沙涧等）进行清源工作，去除各种生产、生活污染源，改善溪流汇水区域的生态环境，确保湖水水源水质良好（图7.10）。最后，完善各景点的规划和改造（图7.11），例如：花山杜鹃、法相寻梅、三台泽韵、茅乡水情、双峰插云、金沙醇浓等。

图7.9　将侵占西湖水域的鱼塘恢复为湿地景观（改造前后对比）

图7.10　浚治之前侵占西湖水域的农田和珍珠养殖池（改造前后对比）

西湖是一个非常敏感的地区，涉及西湖周边的每一项工程几乎都会引起广泛的关注。城市的快速发展给西湖带来极大的压力，水体污染、自然风景资源被侵占、人文资源湮灭等众多问题需要解决。而"西湖西进"正是在这样的背景下提出来的，它不只是恢复了历史上的西湖水域，更重要的是通过湖西地区的整治与恢复,使西湖原有的"自然—人—城市"三者达到和谐与共生。

图7.11 对原有景点的改造(改造前后对比)

7.2.3 自然进程管理与文化表达——杭州江洋畈生态公园设计[①]

江洋畈生态公园建设工程是2009年西湖综合整治工程的重点项目,目的是建设一个人工次生湿地生态示范区,成为杭州西湖公园的新典范。该工程在一定意义上是杭州市对现有城市未开发地块的一种新的尝试,对西湖风景名胜区的景观功能互补性的完善起到了重要的作用,同时也成为一处集休闲、教育和展示等功能于一体的生态人文景观,也为杭州市民提供了一个理想的休闲、娱乐和体验独特的次生、湿生林生境的场所。

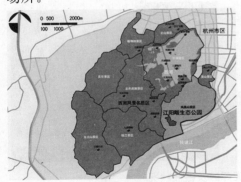

图7.12 江洋畈生态公园区位

7.2.3.1 区位分析与历史变迁

江洋畈生态公园位于杭州市西湖区与上城区的交界处,凤凰山景区的西部,总规划面积约为19.8 hm²。规划地块位于玉皇山南麓,西、北、东三面环山,南眺钱塘江,中间地势平坦,周边有八卦田、吴越国钱王墓遗址、南宋官窑等众多历史遗迹(图7.12)。

---

① 本节部分内容转引自:林箐,王向荣.风景园林与文化[J].中国园林,2009(01):19-23;北京多义景观规划设计事务所,杭州江洋畈生态公园规划设计文本,2008

江洋畈，这个名字 1500 年前就有了。畈（方言），成片的田地，那里原本是江海（洋）退去后留下的一片田地，随着时间的推移，区域慢慢缩小，最终成为山间谷地。1999 年至 2003 年，西湖疏浚的淤泥逐渐在这里堆积，形成了容积约 100 万 m³ 的淤泥库（图 7.13，图 7.14），经过近十年的表面自然干化，江洋畈库区已经形成了与周边山林植被具有明显差异的典型次生、湿生林生境（图 7.15）。场地地貌的变化和淤泥的流动、沉积过程为设计提供了灵感。

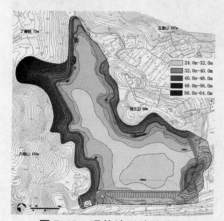
图 7.13　现状地形地貌分析

图 7.14　现状淤泥深度分析

图 7.15　淤泥库区及植被状况

7.2.3.2　立意与构思

我们认为江洋畈生态公园是西湖疏浚历史长河中的一个节点，是西湖疏浚文化的重要体现之一。延续植被的自然演替进程，收集并合理利用山体汇水，营建新的植物群落，是西湖疏浚文化在当今时代背景下现代生态文明的具体体现,是对西湖疏浚文化的维护与传承。

——保护、还原和展示植被的自然演替过程

保留场地原有植被的差异性和植物群落的基本特征,保持生态结构的特殊性,延续场地原有的自然演替进程。

——独特文化的展示

维护场地中独特的江洋畈历史地理变迁所蕴含的深厚文化,西湖淤泥疏浚对江洋畈产生的影响,并展现其地形地貌变迁的历程。

——满足公园的功能需求

公园需要可停留、休息、娱乐和游览的空间,通过创造开阔的空间,合理的设置服务设施,满足公园的休闲、娱乐、游览及科普教育等功能需求。

——引水入园、创造生境

截水沟改变了场地原有的雨水集流状况,雨水截留不利于未来公园的使用和植物的生长。通过人工控制,将周围山体的汇水重新引入园内,可以补充土壤水分,改善场地的环境条件,使生境更多样,景观层次更丰富,创造动态的多样生境。

——创造流动悬浮的花园

设计流动的线性,与淤泥的流动性相契合,突出场地地貌和次生、湿生植被的特征,创造流动悬浮的花园。

——涵养气候、提升环境

原有次生、湿生植被的保留、雨水有意识的收集、新的草本植物群落的营建,可以使公园的景观环境更优美,使植物群落结构更丰富,提高生物多样性,公园更适合人的活动。创造一个具有独特的次生、湿生林生境,人与自然互动的富有野趣的如画空间(图7.16)。

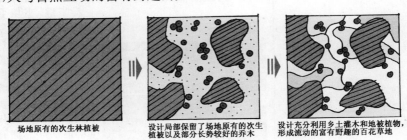

场地原有的次生林植被　　　设计局部保留了场地原有的次生　　设计充分利用乡土灌木和地被植物,
　　　　　　　　　　　　　　植被以及部分长势较好的乔木　　形成流动的富有野趣的百花草地

图7.16　植被设计构思

7.2.3.3　场地中的自然文化解读与展示

江洋畈淤泥库的产生,与历史上其他时期西湖淤泥疏浚一样,是上千年西湖文化历史进程中的一个节点。江洋畈淤泥库区中自然物质形态蕴含着多样的文化内涵,包括:江洋畈历史地理的变迁、西湖疏浚文化、江洋畈植物群落自然演替进程、与自然和谐的动物栖息地生态系统的营建等。

在许多人看来,江洋畈淤泥上一片自然形成的植被,在设计当中根本不值得一提,往往被人们忽视,甚至被铲除。然而,我们如果从一种新的人文价值理念来重新审视这个场地,不难发现,正是由于人类对西湖的疏浚活动才促使江洋畈从自然山谷变成如今的淤泥库,淤泥上植被的产生与人类活动息息相关,这是一个蕴含文化特征的自然过程,是上千年来西湖历史和疏浚文化的一部分。

2003年,西湖淤泥停止往这里输送,场地中良好的湿生环境为植物的萌发、生长提供了条件,这些植被受淤泥地表含水量的变化表现出丰富而有趣的自然演替进程(表7.3)。最开始是水生植物、湿生草本植物,后来逐渐开始生长出耐水湿的灌木和乔木。然而,这些看似平常的植物却有着极为不平常的来历,它们来源于西湖水底淤泥,随着淤泥疏浚一起被带到了这里。因此而形成了与原有山谷周围植物截然不同的植被特征。事实上,今天我们所看到的这个淤泥库所形成的柳树成林的谷地沼泽植物景观,主要来源于原西湖一带的植物种子。我们不仅维护了江洋畈植物群落自然演替进程,并展现出当代社会生态文化价值观(图7.17)。

表7.3　生境岛的植物演化过程分析

阶　　段	生境演替剖面	植被生长状况	植被特征
先锋植物群落阶段			此阶段淤泥刚排入场地,土壤含水量较高,物质丰富度、多样性较低,生态优势度、群落均匀度较高,以鸢尾等先锋植物为主要建群种的单优势群落居多。拥有较多的阳性树种,以植物稀疏、生物量较低为共同特征

阶　　段	生境演替剖面	植被生长状况	植被特征
中间演替植物群落阶段			目前规划场地植被处于该演替阶段，淤泥逐渐沉积，土壤含水量降低，物种丰富度、多样性有所增加，生态优势度、群落均匀度较低，植被密集，一般有乔、灌、草的不同分层，植物种类繁杂，既有先锋阶段植物，也有过渡阶段植物，以垂柳等次生、湿生林植物为典型代表
顶级植物群落阶段			规划场地的植被类型将逐渐向这个阶段演替，土壤含水量较低。该阶段是植物群落的稳定阶段，物种丰富度、多样性较高，生态优势度、群落均匀度较高，单一乔木层的树种为当地顶级群落，杭州当地以枥属植物群落为典型代表

　　众所周知，西湖作为自然物质形态的潟湖，正是依靠一千多年经过人们不断疏浚、治理才形成了今日的西湖美景和具有悠久历史的西湖文化。与江洋畈不同的是，历史上人工疏浚的淤泥大都就近堆积在湖中或湖的周围，白堤、苏堤、杨公堤和湖中三岛等都是历史上淤泥堆积而形成的著

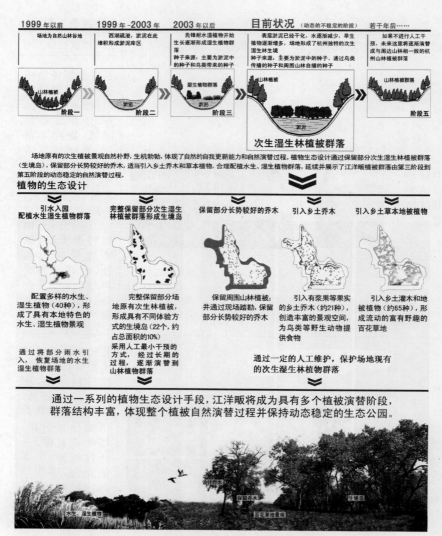

图 7.17　基于江洋畈淤泥库区植被演替过程的植被结构设计

名景点。近几十年西湖淤泥疏浚量的增多和西湖周边用地的紧张使得淤泥堆放地离西湖较远,但与历史上的淤泥疏浚其事件的本质是一样的,都体现了西湖疏浚的历史和文化。这包括 20 世纪 80 年代建设的太子湾公园,2000 年的西湖西进区域和 2009 年的江洋畈生态公园,他们都与历史上结合西湖疏浚建设景点的事件一样,都是西湖自然景观的人文演进历程中的一个节点。我们认为,对场地自然形态(包括植被和地貌)的尊重以及自然演替进程的维护不只是一个生态公园的本质内涵,更是延续了场地独特的文化,也展现了当代西湖特有的文化价值观。

7.2.3.4 规划与设计

基于以上对文化的解读,我们在江洋畈生态公园的设计实践中一直试图挖掘、维护、延续并展现场地中特有的文化景观。我们从植被、交通、水文、地形、地貌、淤泥深度等方面进行了诸多深入的研究,使其在保护场地原有生境特征的基础上,对公园进行科学合理的规划设计(图 7.18)。

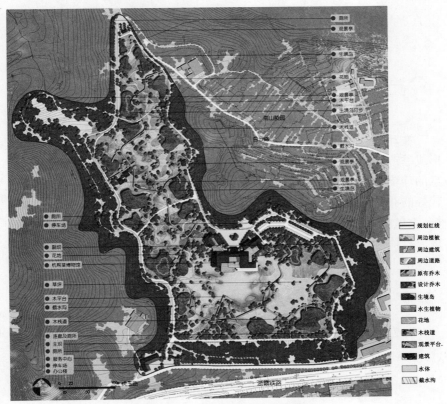

图 7.18 江洋畈生态公园总平面

江洋畈淤泥库区为了使淤泥自然干化,人为设置了截水沟,截断了自然的谷底雨水汇集。规划通过采取适宜的工程技术措施,并根据降雨量、公园补水的需要,水质情况和水循环要求等因素,人工调控进入公园的雨水径流量,使公园内的水系保持动态的稳定,水位的变化也为生态公园创造了丰富的、变化的自然生态环境。水的引入使淤泥库区的水因子部分恢复到了堆泥前的状况,为场地带来了局部微气候、温度、湿度的改变,丰富了生态公园的生境类型,创造了具有高度生物多样性的季节性池塘湿地景观。生态公园内水体完全来源于天然降水,是一种生态的、合理的、因地制宜的水资源利用方式(图 7.19)。

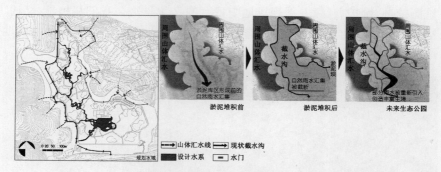

图 7.19 水的生态设计

在动物栖息地的营造方面,我们通过将部分雨水重新引入生态公园,形成季节性池塘湿地生境,为鱼类、水禽、两栖类等野生动物提供觅食、栖息的环境。在植被生境的构建方面,我们局部保留了次生、湿生林和长势较好的乔木,适当增加具有浆果等果实的乡土乔灌木,形成丰富的林地生境,为鸟类、小型哺乳类动物创造栖居、觅食、庇护的环境;并通过梳理场地原有植被,引入乡土草本植物,形成丰富的百花草地生境,吸引蜜蜂、蝴蝶等昆虫和鸟类,创造生机勃勃的动植物栖息地(图 7.20)。

图 7.20 动植物栖息地的营造

在植物设计方面,我们根据场地原有的野生植被分布状况,保留了一些次生植物群落斑块,设立了"生境岛"(Habitat Islands),延续了场地中自然的自我更新能力,并展现了自然生态系统的演替过程,使人们体验到场地上自然和文化景观演变的独特魅力(图7.21)。在"生境岛"之外的区域,我们保留了原有的山林植被,局部保留了次生林片区和长势较好的乔木,引入乡土灌木和地被植物,将人的活动引入其中。试图营造出一种在淤泥输送之后,从淤泥湿地野生植物到乡土草本植物和耐湿的乔灌木,最终与周边山林融为一体的自然生态演进的整个过程(图7.22)。

图7.21　生境岛中自然演替进程的人文体验与认知

实际上,风景园林中自然生态向人文生态演进是一个持续、动态发展的人文进程,我们的方案并没有将场地中的文化符号化为一种固定的景观形式,而是将现状作为历史发展中的某一阶段,并为未来的发展提供一种演进的框架体系。我们展现的是江洋畈景观的基本自然状态和文化特征,通过人类对自然的有效介入,顺应自然的发展规律,并激发自然演化的能动性,使场地中真实的文化呈现出持续的生命力。

图7.22　原有植被的梳理,维护自然　　图7.23　犹如一座向公众开放的露
**　　　　　演替进程　　　　　　　　　　　　　　天的自然、文化博物馆**

项目在实施的过程中所面临的挑战极为复杂,原有的淤泥透气性差,低洼处积水,日晒后龟裂,土壤呈碱性,不利于植物生长,沼泽地难以施工、承载力小、安全性差,潮湿的黑色土壤散发着腐臭味,蚊虫肆虐……给来到这里的人带来极大的困扰。然而,我们并没有将这些场地特征进行彻底清除并按照人们的意愿创造一个新的生态公园，而是对基址现状自然生态系统进行深入研究，并对其采用科学合理的措施，使其不仅满足了人类需求（游览、教育、休闲），又改善了自然生态系统（动物栖息地），同时还保留、并延续了场地中自然特征（植被演替）和历史文化遗存（疏浚文化），犹如一座向公众开放的露天的自然、文化博物馆（图 7.23）。

江洋畈生态公园设计立足于杭州当代生态文化的展示，通过对江洋畈历史地理变迁的展示、江洋畈西湖文化和疏浚文化的展示、江洋畈植物群落自然演替进程的展示、与自然和谐的动物栖息地生态系统的构建，这些可持续的活的文化体验，展现了当代杭州生态文明建设的丰硕成果。原本被人们遗忘的山谷淤泥库区，如今成了一个人与自然和谐相处的真正意义上的生态公园。本项目因市政府的重视、场地的独特、设计的巧妙、实施的合理和完成度极高，而使其成为一个无与伦比的新型公园。

风景园林作为人类文明的成果，必然反映了文化。但景观反映什么样的文化，该如何反映文化，确实值得我们去思考和研究。通过江洋畈生态公园的设计，我们对风景园林中自然文化理念有了一种新的理解，并探索其在当代社会文化价值观下的适应性文化模式，它作为一种人化了的自然，充分展现了风景园林中自然生态向人文生态演进理念。

7.2.4 驱动城市的更新——杭州西湖综合保护工程[①]（申报 ASLA 奖[②]）

西湖自 2 000 年前形成至今，虽历经兴衰更替，仍保持着风景秀丽的"山—水—城"的关系。它是西湖地区人们历史生活的缩影，为我们当代风景园林建设树立了人与自然和谐相处的典范。

然而，直到 20 世纪末，随着我国的城市化进程加速和旅游的快速发展，西湖及周边地区的问题和矛盾越来越突出，当今的西湖已不仅仅只是历史上困扰人们的西湖底泥淤积的问题了，杭州的发展已经给西湖带来更为复杂的环境问题和社会问题，采用积极的方式来解决城市发展、旅游发展与保护西湖之间的矛盾成为一个迫在眉睫的系统工程。正是在这一背景下，杭州市政府于 2001 年提出了杭州西湖综合保护工程，希望通过

---

① 来源于北京多义景观规划设计事务所.《杭州西湖综合保护工程》，2010 年
② 该项目获得了美国风景园林师协会（ASLA）2010 年的分析与规划类荣誉奖（Analysis and Planning Honor Award）。参见美国风景园林师协会 ASLA 网站. http://www.asla.org/2010awards/040.html

对环西湖地区的综合治理,以创造更好的城市生活环境,进一步提高城市
形象和凝聚力,为迎接新世纪城市的迅猛发展提供良好的综合条件。

7.2.4.1 问题分析与挑战

杭州西湖作为中国最具人文价值的天然湖泊,早在20世纪80年代,
就被政府以立法的形式确立了西湖及其周边地区60km²的保护区域。该
区域内用地状况十分复杂,包括山林、农田、村庄、名胜古迹、政府机构、军
队机构、旅馆、疗养所、各种公园和其他城市公共空间等。到了90年代,
西湖的保护工作远远落后于城市的扩张,除了少量的重点文物修复,基本
维持现状(图7.24)。然而,城市建设的步伐似乎难以遏制,如果任其自
由发展,西湖将处在被城市鲸吞的边缘。

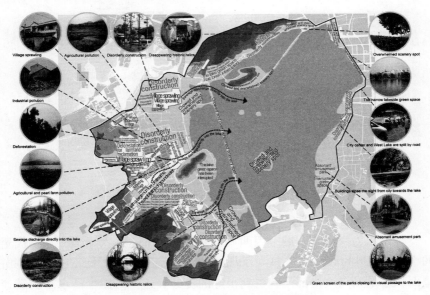

图7.24 区域内亟待解决的复杂问题

该项目规划总面积约12.8 km²,基本上环绕西湖一周,几乎囊括了
这个城市最核心的自然资源与人文景观。这是一项尺度巨大的极其复杂
的系统工程,风景园林师面临着多重的挑战(图7.25)。

(1)景观资源亟待恢复与更新

首先,因上游村落生活和农业生产污水、垃圾没有与城市污水管网连
接而直接排放,西湖水受到污染。同时,由于多年没有疏浚,湖水仅1.5 m
深,淤泥较多、自净能力差导致水质恶化。其次,村镇的无序建设活动破

坏了原有自然景观的和谐,一些具有历史和文化遗产价值的文物湮灭在杂乱的环境当中而不为人知。例如"盖叫天故居"长年没有得到很好的修缮面临消失的危险。此外,"三潭印月"等著名景点因游客过于集中而不堪重负。因此,我们需要对西湖自然资源和人文景观采取更为积极有力的保护措施。

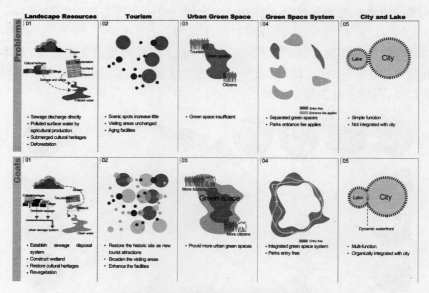

图 7.25　五大挑战及其应对策略

（2）旅游的发展遇到阻碍

杭州作为一个旅游城市因西湖而兴盛。然而,从 20 世纪 50 年代至 90 年代,杭州的旅游仍然只限于那些著名景点(如西湖十景),无论是游览面积还是景点质量都没有得到很好的提升。这与人们生活水平的迅速提高、新的国家休假制度带来的旅游业迅猛发展相矛盾,严重阻碍了杭州旅游业的发展。

（3）城市绿色开放空间不足

环西湖地区作为杭州面积最大、最核心的绿色开放空间,肩负着为几百万人口的大都市提供市民休闲活动场所的使命。从 1990 年至 2000 年,杭州人口从 134 万增加到了 180 万,但是西湖及其周边地区的公园面积基本没有增加,市内其他公园面积增加也非常有限。与此同时,外来游客的成倍增长更是加大了城市对开放空间的需求,给这个地区带来了极大的压力。

（4）绿地缺乏系统

由于历史的原因,沿湖大量的城市建设(如市政设施,疗养所,政府部门,宾馆,军队机构等)使得湖岸绿地不能连通。另外,西湖周边有许多大小不一的售票公园,公园的管理基本各自为政,导致沿湖的公共步行系统被割裂,难以形成一个完整、连贯的绿地系统。

（5）城市未能与西湖融合

历史上西湖"三面环山一面城",西湖的定位是作为城市外的一个风景名胜区。20世纪末,城市的发展已经和西湖紧密联系在了一起,但仍缺乏有机的融合。环湖的绿地只能满足一些散步、观景等游览功能。这种功能相对单一的城市绿地难以满足现代城市居民生活对复合功能的要求,使得这个地区缺乏应有的人文活力。

7.2.4.2　分区规划

规划针对不同区域所面临的不同问题,我们提出了相应的解决方案(图7.26)。

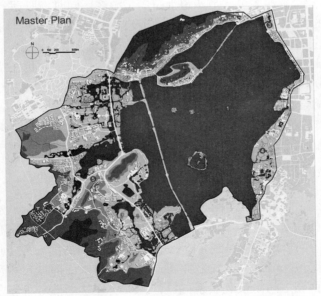

图 7.26　杭州西湖综合保护工程总平面图

（1）湖西地区

湖西地区位于西湖上游。由于缺乏市政污水排放系统,农业生产和居民生活污染造成西湖上游的水源污染,并直接排入西湖水域。西湖水质恶化主要来源于这些受污染的溪流。历史数据显示,这个区域原本是大片的湖面,如今的鱼塘、农田、村落都是在最近这 200 年人们不断地侵占水域而形成的。规划提出的整治措施包括:① 建立完善的城市基础设施,特别是污水排放系统;② 将大部分的鱼塘、农田和荒地还原为湿地和林地,完善该地区自然生态系统,以保护西湖水源;③ 保留了该地区村庄经济的支柱产业——茶业;④ 采取一定的经济补偿措施以协助村民改建自己的住宅,鼓励他们从事第三产业,如农家旅馆、乡村餐厅、家庭茶馆等。这些措施不仅改善了湖西地区的生态环境,大大增加了该地区的游览面积,而且当地原住民的生活条件和经济收入也得到了显著的改善。原来几近湮没的文物古迹经过修缮后重新向公众开放,吸引了大量的游览者,环境优美的乡村旅馆和茶楼为大量市民和国内外游客提供了一处风景秀丽的休闲度假胜地。

（2）东部湖滨地区

湖东岸原是一系列平均宽度只有 30 m 的线性公园,与城市联系最为紧密。在旅游旺季,狭窄的滨水散步道上挤满了游客。同时,湖滨路将湖岸公园与繁华的城市商业区割裂。由于政府已将这条交通要道移入地下,原有道路改造成滨水开放空间,人们可以很方便地从城市商业区到达湖岸地带。至此,城市与西湖已经融合成为一个有机整体。除此之外,规划还搬迁了部分政府机构,将原来侵占湖岸的城市街区重新还原为公园。以上措施使西湖与城市之间有了更多的缓冲地带,新增加的休息亭廊、茶座、音乐喷泉、灯柱、坐椅、广场、树木、水面、雕塑和露天咖啡等设施吸引了大量的游客和市民,使得这里成为充满自然生机与人文活力的"城市客厅"。

（3）南线工程

湖东南岸由 4 个独立的滨湖公园和一些其他性质的用地组成,彼此割裂,缺乏有效的联系。首先,搬迁一些政府机构,将其改建成绿地,使原来各自为政的公园连成整体;其次,建立一个连贯而宽阔的滨湖散步道系统;然后,删减部分过于郁闭的植被,并将局部地段的水面向城市内部延伸,加强城市与西湖之间的景观联系;最后,在历史建筑的旧址上恢复了一些著名建筑,同时也新增了一些必要的文化设施和商业建筑,包括:博物馆、茶室、餐厅、咖啡厅、艺术画廊等,使这里成为一个充满魅力的城市生活场所。

（4）北部湖滨地区

湖北岸背山面湖，城市道路与湖之间是狭长的湖滨绿地。规划主要加强绿地与湖的联系，梳理现有植被，开阔景观视线，增加滨水休息平台，加宽步行道，完善该地区的游览体系，使其更好地满足市民的日常生活需求。山麓地带以保护和修缮有历史价值的建筑为主，并拆除部分低质量的或违章建筑。

7.2.4.3 综合效益

与古代西湖相比，当代西湖与周边环境有着更为密切而又复杂的关系。西湖综合保护与整治已全面进入了现代化、科学化、系统化、常态化并依法行政的新阶段，为底泥疏浚、上流清源、污水截留、引水入湖、环湖绿化、湖岸护墈等采取了一系列的治理措施。这是一项传承西湖文化、保持整个西湖地区自然生态系统良性循环、保持生物多样性、实现社会环境和地域资源全面优化和整合的综合性工程[1]。

（1）生态效益

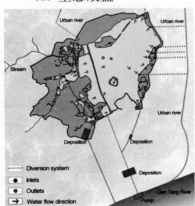

图 7.27　西湖的引水与排水工程

项目的实施使该地区的自然生态环境得到了明显的改善。特别是湖西地区的湿地建设和污染治理使上游水源变得清澈。为进一步提高西湖水质，在原有引水设施的基础之上再建立一些新的西湖人工引水和排水系统（图7.27）[2]，促进了整个西湖水域的水体循环，极大地改善了西湖水质。数据显示，水体透明度从 2000 年的不足 50 cm提高到 2006 年的 78 cm。整个地区的植被也大大增加了；良好的环境为各种动物提供了栖息地，大量的鸟类在沿湖地区栖息（图 7.28）。

---

① 　郑瑾.杭州西湖治理史研究[M].杭州：浙江大学出版社，2010

② 　2003 年杭州市启动西湖引水工程，在钱塘江边新设一个白塔岭泵站，并加大原有引水泵站的引水量；又在玉皇山南侧和赤山埠新建两座容量分别为 30 万 m³（经太子湾注入西湖）和10 万 m³（经杨公堤引入湖西恢复水域）的引水预处理场所，通过加药、混合、絮凝、沉淀等工艺方法处理后，大大提高了水质和透明度。这些引水措施使西湖有效地摆脱了钱塘江水质变化的影响。同时，开辟了柳浪闻莺、涌金池、大华饭店、一公园、五公园五个新的出水口，使湖水能均匀顺畅排出。参考：郑瑾.杭州西湖治理史研究[M].杭州：浙江大学出版社，2010

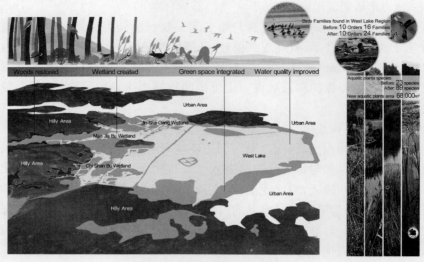

图 7.28 动植物栖息地的营造

（2）经济效益

该项目极大地提升了这个地区的自然资源质量和人文景观价值,优美的环境和舒适的设施为杭州树立了良好的城市形象,并吸引了大量的游客和市民来此休闲度假。城市景观价值的提高有效地促进了旅游的发展,外来游客 5 年内增加了约 1 500 万,全市的旅游收入则翻了一番。

（3）社会效益

该项目不仅限于关注西湖景观本身,也力图在改变景观的同时对不同的人群带来积极的影响。通过采取各种措施和政策引导,为当地的原住民创造更好的生活条件,使其走向一条与环境协调的发展道路。项目的实施也使得西湖地区形成了环境优美、设施齐全的,大片连续的城市绿色开放空间,无论是当地市民还是外来游客都能零距离地参与其中,并享有西湖(图 7.29)。据 2005 年至 2009 年的一项社会调查显示,杭州连续5 年被评为"中国最具幸福感的城市"。

图 7.29 社会效益

总体来说,项目不仅改善了原有的城市环境,还为城市的发展吸引了大量的企业、资金和人才,极大地提升了城市的凝聚力。尽管项目的前期投资巨大,但从它开始实施到建成,城市经济的加速增长已使该投资获得了回报。环境优美、人文活跃、经济繁荣、社会和谐,使杭州重新成为人们理想的"天堂"。杭州西湖综合保护工程成为城市可持续发展的典范。

这是一个在一个有远见卓识的市政府推动下的以风景园林师为主完成并最终实施的对城市产生深远影响的项目。项目所面临的问题极其复杂,挑战极其巨大,它与其说是对城市湖泊的整治,不如说是对一个城市的更新。从规划到实施并最终完成只用了 8 年的时间,堪称奇迹,是一个重塑"天堂"的奇迹。

7.2.5 杭州西湖申遗将推动西湖文化全面复兴

西湖申报世界遗产是杭州市政府于 1999 年提出来的一件具有划时代意义的大事。它促使我们从世界遗产的高度,全面地审视和回顾西湖在中国历史和文化坐标上的意义,重新激活因现代化进程而处于被抑制状态的传统文化因子,开启西湖更加美好的未来①。

然而,西湖并没有像九寨—黄龙、三江并流、张家界等那样突出的自然资源;也没有像长城、故宫、莫高窟等突出的人文资源,我们拿什么来申报世界文化遗产? 因此,我们有必要对西湖文化遗产价值进行具有说服力的创造性诠释,并阐述其独一无二的文化价值观和突出的普遍价值理念。

从自然层面上来说,它开创于唐代白居易时期,在宋代苏轼时期得到了传承与发扬,并逐渐发展成"两堤三岛"景观格局;同时西湖水域与环湖的南山与北山自然山脉、西湖东侧的城市沿湖景观共同构成了"山—水—城"空间关系,即"三面环山一面城"景观格局,他们共同构成了西湖文化景观的自然物质形态架构。

从文化层面来说,西湖文化的形成主要归功于中国历史上白居易、苏轼、杨孟瑛等著名官吏以及历代广大杭州普通百姓对西湖景观在物质和精神上的双重贡献;此外,杭州在历史上的两次建都活动为西湖积累了丰厚的历史文化遗产;清初三代帝王出于对西湖的偏爱,使西湖文化达到了

---

① 陈文锦. 发现西湖——论西湖的世界遗产价值[M]. 杭州:浙江古籍出版社,2007:22 -
26

一个全盛时期(图 7.30)。西湖文化突出体现了"天人合一"的哲学思想,融合了中国儒、道、释三大传统文化与信仰,并发展出了一整套中国传统农耕文明时期文人士大夫在自然、文化价值观上的创造性精神,包括崇佛文化、隐逸文化、茶文化、忠孝文化、禅宗文化和藏书文化等。正是经历了这样一个漫长岁月的兴衰、演变,才使西湖从一种自然物质形态转向一种具有人文属性的文化景观。

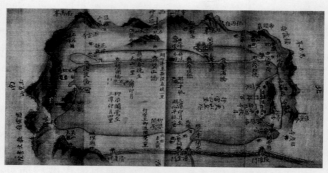

图 7.30   乾隆时期的《西湖行宫图》(清绘本)

西湖文化景观的形成经历了一个漫长的"自然的人化"过程,它是由一千多年来真实而完整地保存至今的自然山水、人文景观以及人类的生存经验和智慧等组成,充分体现为一种原始泻湖的自然沼泽化与人工浚治的反沼泽化之间人与自然的和谐关系。它不仅反映了湖泊治理与城市发展之间持续互动的土地利用关系;并且作为城市的风景名胜用地延续至今。凭借其大尺度的景观和有机的生态系统,大大增进了人与自然、城市之间的和谐。它在当今与传统生活方式相联系的社会中,保持一种积极的社会作用,是利用古泻湖显著改善人居环境的杰出范例。

西湖依杭州而得名,杭州也因西湖而兴盛。虽然今天杭州人的生活用水和农业灌溉并不来源于西湖,但西湖对杭州的民生与发展自始至终都有着莫大的重要性。这种通过西湖的治理带动区域与城市发展的理念延续并发展了历史上将西湖与杭州视为唇齿相依的关系,各种自然形态的山水、林木以及人类活动成果的文物建筑、景点等,全都紧密联系成为一个错综复杂的有机综合体。今天西湖与杭州城市唇齿相依的关系已深入人心,正是因为西湖毗邻杭州这样一个繁华的城市,才使其成为一个与人们生活息息相关的重要湖泊而保留至今;也正是因为有了风景秀丽的西湖才使得杭州能够成为闻名中外的旅游城市。杭州西湖在经历了一千多年的淤积、干涸、人工疏浚等演化与变迁,由原来只是地理位置的毗连的"西湖—杭州"逐渐演化成了一种自然山水与人类文明完美融合的"文化景观遗产"。

杭州西湖申报世界文化遗产将推动西湖文化全面复兴,凸显了西湖作为整体人类栖居环境而具有的文化生命力,其历史的真实性、自然风貌的完整性与人类生活的延续性使得西湖文化具有独一无二的自然生态向人文生态演进历程。

7.3 本章小结

本章从自然、文化、社会三个层面对我国当前自然生态环境持续恶化以及风景园林文化的困惑进行了反思。与此同时,将本研究提出的自然生态向人文生态演进理念运用于实际项目当中,通过对笔者参与的相关实践案例进行分析,探索符合我国现实的自然生态向人文生态演进理念。

我国风景园林发展的现状反映了当今社会对自然文化演进的普遍认知模式。当前我国处在一个社会文化转型时期,传统文化受近代社会发展的影响与现代文化之间处于一种割裂的状态,而新的当代文化根基太浅,没有积淀,人们对自然的认知还处于一种单一、片面的理解层面。我们在经济快速发展的同时,更需要注重人文价值理念的提升。因此,我们需要突破原有风景园林狭小的研究范围,认为自然生态向人文生态演进理念下的风景园林实践不仅能够改善区域内自然生态环境,而且还能够全面介入人们的生活,并引导社会的持续发展。

杭州西湖作为千百年来"自然的人化"的过程,不断地适应着时代的变迁而向前演进,这种历史文化的连贯性成为一种独特的社会文化发生与演变模式,使得西湖从自然生态向一种人文生态演进。杭州西湖文化的变迁为我国的风景园林文化探索提供了一种适应性模式。

我们实践的尺度从公园绿地(江洋畈生态公园,19.8 hm²)到生态系统恢复(西湖西进区域,93.3 hm²)到城市环境整治(杭州西湖综合保护工程,1 280 hm²)。我们从不同的尺度下探讨多样而复杂的自然、文化生态系统的演替与变迁,并在设计的过程中展现出多元而现实的风景园林文化理念。

杭州西湖的这些项目无一例外的都是采用一种非常朴实的手法来维护前人在场地中留下的自然资源和人文景观,改善了场地自然生态系统,

保护了当地真实的文化,并驱动了整个城市的更新。具体表现为以下三个层面:

(1) 自然层面

以生态系统服务为导向,注重自然演替进程的引入与管理,特别是对场地中独特的自然特征进行维护、延续与发展。同时,我们将现代景观规划设计的理念和方法应用于实践当中,对区域尺度的自然生态系统进行科学合理的介入,力图建立一个健康、进化的自然生态系统。

(2) 文化层面

文化是随着人类社会的发展而持续地向前演进的,在任何历史时期都有着属于当时那个时代的文化。在实践的过程中,一方面,我们在维护前人留下的人文景观的同时,将这种真实的文化引入新的设计当中,使其完整地传递给下一代;另一方面,我们还创造属于我们这个时代的文化,而没有对历史文化进行符号化的复制与模仿。基于一种全新的人文的价值理念下的自然干预和管理过程,作为人类介入自然的人文活动,也蕴含着文化的价值。这正代表并创造了属于我们这个时代和社会的新的文化。这种适应当地人们社会生活并满足当代需求的新的文化,才有可能让后人通过它们来了解我们这个时期的社会生活,这种文化具有真实的文化价值,并将演化为一种新的文化景观。

(3) 社会层面

杭州西湖综合保护工程综合了生态、人文、旅游、城市等方方面面的因素,改善了西湖水域的水质,为动物提供了栖息地,增加了物种的丰富性。该地区自然生态环境的全面提升,还湖于民,完善了城市的绿色开放空间体系,不仅为市民提供了环境优美的休闲、游憩空间,而且大大促进了杭州市的旅游业的发展。通过各种政策的引导,将西湖与当地原住民的生产、生活联系起来,使当地人走向一条人与自然和谐的发展道路。杭州西湖综合保护工程带来了巨大的经济效益,增加了城市的凝聚力,并全面提升了杭州市的城市形象,使其重新成为人们理想中的"天堂"。

8 结　语

　　看不尽大自然造化赐予的杰作——赐予了偌多的翡翠，雕琢成一屏屏滴绿的森林，一道道鬼斧神工流光溢彩的幽箐峡谷；赐予了偌多的珍珠，汇集成一汪汪晶莹透亮的湖泊，一眼眼春意融融的清泉；赐予了偌多的乳浆，装点成千姿百态、滴银泻金的溪流、瀑布、大江；赐予了偌多的天宝物华，鲜活成奇禽异兽、名木异花，或属孑遗，或称濒危，独领珍稀风韵……

　　美哉壮哉！

　　画家来了说：这里，每寸土都是一幅画。诗人来了说：这里，每朵花都是一首诗。音乐家来了说：这里，每条河都是一支歌。作家来了说：这里，每只鸟都是一篇散文。哲人来了说：这里，走一步都是辩证。史学家来了说：这里，看一看都是不朽！

　　美与奇不止在自然。更看不尽人类文明的投射、结晶在这里的璀璨金果——结晶出一个和谐的宗教共存体，无论中西，无论古朴与博大，于同一空间各自渲染出独树一帜的文化与艺术的灵光；结晶出一个和谐的人与自然的共融体，蓝天白云、山水草木、鸟兽虫鱼、村寺炊烟、帐篷牦牛……立体组合出一幅活泼的文化生态平衡图。

　　这，就是人间乐土。

　　以上是《人世间最后的伊甸园》中描述香格里拉的自然美景和人文景观。作为一个自古以来被无数人追寻着的，给予人类精神慰藉、承载人类文明历史的人类心灵的栖息地，香格里拉寄托了人类崇尚真、善、美以及诗意栖居的千古憧憬。

　　首先，书中为我们描绘了一个令人敬畏的原始的自然，山川河湖、花鸟鱼虫……大自然以其鬼斧神工般的巨大力量为人类的生存创造了一个良好的物质基础和生物环境；接着又以画家、诗人、哲人、史学家等视角，将这种物质形态的自然进行人文的认知，发现并确认自然的文化价值和内涵；最后将人类文明在大自然上的投射，村寺田野、帐篷牦牛……融合成一幅活泼的人文生态平衡图①（图 8.1）。

行文至此，本书的核心理念：风景园林中自然生态向人文生态演进，已经向大家完整地呈现出来了。它作为一个自然的人文演进历程，推动着人类社会向一种可持续的方向发展，最终构建起一个人与自然和谐的"自然生态—人文生态"平衡图景。

图 8.1　人与自然和谐的人文生态平衡图

8.1　本书的主要观点与结论

本书从理论建构、历史探索、演进机制、理念解析和实践运用等方面对风景园林中自然生态向人文生态演进理念进行了多层面、多向度的系统研究和深入剖析，并对当前我国风景园林中人文演进的局限与困惑提出了一种适应性解决措施，实现了初始的研究目的。

本书的主要观点与结论如下：

1. 人类社会已经进入了一个全面信息化的时代，我们不仅能够实现传统风景园林无法实现的工程技术措施，而且还能将其改造成我们心目中任何想要的形式，这在技术上是很容易达到的。然而，技术的进步并没有带来理想的风景园林；相反，人类一次次的科技革命带来的是全球性的生态环境危机以及全球化影响下的地域文化丧失。我们不禁要反思，全球性的生态环境危机单纯依靠技术的进步真的能解决吗？还是它根本就是一场有关自然认识的不足以及人类文化价值观的危机？

2. 本书通过将"自然的人化"这一哲学层面的探讨运用于风景园林学科，力图为当前风景园林实践提供一定的理论支撑或新思考。风景园林中自然生态向人文生态演进理念的提出，为当前风景园林理论研究和

---

① 张玉斌. 人世间最后的伊甸园：30 个优美宁静的人间天堂[M]. 北京：北京工业大学出版社，2004

实践探索,建立起一套基于哲学认知体系下的文化解释系统;为现有我国风景园林发展提供一种如何认识、介入自然以及如何发现、维护并延续场地中的自然、文化特征的新思路。

3. 本书的核心概念——"自然的人化",是指人类活动引起的自然因素、自然关系的变化,逐渐地演变为人化的自然这一演化过程,并提出了自然生态向人文生态演进的风景园林新理念。该理念蕴含两个层面的意思:一、强调从自然生态到人文生态的转变。原始的自然在叠加了人的活动之后转变成了一种人文的自然。本书探讨这一层面的目的在于拓展人们对于"自然—人文"认知的视野;二、强调人文生态的演进历程。由于人的观念的变化和人的活动的不同,旧有的人文生态图景就随之演进为一种新的人文生态图景。本书探讨这一层面的目的在于建立一种新的理念来认识自然,合理地介入自然,最终推动它向一个健康的、人与自然和谐的人文生态图景演进。

4. 从历时性的角度来看,人文生态的形成与变迁是人类长时期进行有意识的社会活动和生存经验融入当地自然生态的结果。在漫长的人类社会进程中,历史景观中的人文属性逐渐地超过了它的自然属性,并向着适应时代特征的新的人文生态持续演进。特别是那些具有创造性的人类活动,能够抵御时间的侵蚀,不被时代潮流所淹没,它作为人类智慧的结晶具有重要的参考价值。

5. 理想的风景园林(landschaft①)作为人类诗意的栖居模式,指向一种社会认知和复杂、生动的自然进程和人文进程,它根植于人们的日常生活体验以及内在的社会结构,并展现出丰富、多元的社会现实;自然形态仅仅作为风景园林的外在表现,而这种社会活动作为历代人类智慧的结晶,其文化内涵更具风景园林的本来意义。本书对自然认知层面的探索以及对日渐彰显的文化生命力的挖掘有利于揭示出风景园林的本来面目。

---

① 来源于德语词汇:landschaft,J. B. Jackson 曾论述了景观(landscape)一词的复杂性,并区分了艺术史的、具象派的、术语的和地理学上的对其定义的不同。他们谈到古代德语词汇景观(landschaft)的出现实际上早于古代英语中的山水(landskip),它的意思并不是风景,而是一种集体工作的环境,它由未开垦的森林和草地包围着的住宅、牧场和农田构成。参见:[美]詹姆斯·科纳著;吴琨,韩晓晔译.论当代景观建筑学的复兴[M].北京:中国建筑工业出版社,2008

8.2 对"自然的人化"的再思考

自古以来,风景园林就是多元化和多样性的代名词。由于其在尺度和范围方面的巨大变化,风景园林就像一个容许差异存在和发挥的综合的总体"概览"。它不仅包含有自然生态环境以及回到事物本身的现象学体验,而且它还延伸为一种综合的、战略性的艺术形态,这种艺术形态可以使自然演替进程、社会文化变迁、城市经济发展以及人们的日常生活需求等相互融合,并形成新的自由而互动的联合体[①]。

人文视野中的"自然的人化"演替进程揭示了不同社会背景下人们对自然观的理解,它是人类对自然物质形态进行有意识的社会活动的历史积累。人文景观既是由人类在文化活动中所创造的,同时又维系了人类的文化活动。因此,自然的客观物质形态的建立只有满足和体现了特定文化价值观之下的人类文化活动的需要,才能成为真正的风景园林文化。

历史文化景观的价值不在于其形式的完美,而是要对场地中所蕴含的前人介入自然的智慧进行挖掘,并将场地中的自然文化特征及其内在运作模式进行维护与延续,使其向着一种理想的人文生态演进。因此,解决我国当前所面临的风景园林文化困惑可以从自然生态的人文演进历程中寻求启发,理解前人对自然的理解,即是由自然之道向人文之道演进的理念。

在今天,重新塑造一个不复存在的特定的历史景观或效仿前人的形式风格,是没有意义的。对于当代景观中出现的一些在没有任何农业景观痕迹的场地中模仿农田形式的景观。詹姆斯·科纳认为,一个劳作的景观是由团体共同造就,更多的是根据使用的需要而不是艺术或形式的需要。然而这种模仿农田形式的做法实际上就是将农田形式转换成了一种新的美学风格,只是将这种劳作的景观形式提升到了艺术的水平。这种模仿其实就是将农业景观风格化的结果,与当今符号化的时尚趣味其本质上都是一样的。同样,种上水生植物就成了湿地;放上茅草屋就是生态……[②]这些形式化、风格化、脸谱化的景观都被当代这样一个消费主义

---

① [美]詹姆斯·科纳著;吴琨,韩晓晔译. 论当代景观建筑学的复兴[M]. 北京:中国建筑工业出版社,2008

② 王向荣. 谈湿地[J]. 园林,2009(04):13-15

社会转变成为卖点和噱头。

"自然的人化"历程告诉我们,无论是对历史风格的反叛,还是倡导传统景观形式的复兴,都没有从根本上改变人们对自然与文化的认知。他们只是从形式上去否定历史景观,而实质上并没有挖掘风景园林本身的丰富内涵,也就不能反映当时社会和文化的普遍价值观。因此,对风景园林的理解就必须将自然与社会生活和人的体验联系起来进行全面的认知。

时尚趣味作为一种符号化的文化认知是每个时代都有的,但也是转瞬即逝的。因为,"新"的时尚往往在短时间内被"更新"的时尚所取代,这种基于表面形式的景观"创造"一旦没有了噱头就只能接受被淘汰的命运。只有展现现代社会最本质的内涵才能逃脱阶段性符号化认知的牢笼,才能不受那些僵化观念的禁锢以及具体形式的限制。也就是说,只有自由本身才是真正的自由。

永恒的风景园林不是一个固定不变的凝固状态,其标志性也不在于设计形式的独特。我们追求的是多种尺度下的多元文化实践,没有固定的模式,更没有固定的风格和形式。只有适应时代的活的风景园林文化才能彰显出持续的文化生命力,才能抵御时间的侵蚀,不被时代潮流所淹没。

8.2.1 概念·形式

马克思曾经说过:"在文化艺术自身的领域内,那些具有重大历史价值的艺术形式只有在人类社会的不发达时期,才可能产生。"这句话告诉我们那些经典的艺术形式只是在特定的社会背景下产生的,完美的设计不仅意味着风景园林的形式和风格,更重要的是引导一种完美的解决方案,它是脱胎于特定场景中的人们的思想理念。而本书中"自然的人化"概念则是从平凡的功能中衍生出诗意的生活方式,是一种自然流露的形式,这与那种单纯追求形式的刻意表现具有本质差异。

当代全球生态环境保护意识的增强及地域文化身份的认同使得众多的风景园林师、社会学家、历史学家和地理学家从景观的概念性视野来探讨景观的内容,包括生态、艺术、社会和人文地理等多种层面[①]。与风景

---

① James Corner. Terra Fluxus. In: Charles Waledheim(ed). The Landscape Urbanism Reader [M]. New York: Princeton Architectural Press, 2006:21-33

园林师相比,社会学家、历史学家和地理学家更多的是关注景观中人们的日常生活体验,他们认为景观概念能够积极影响当代人们的丰富生活,具有表达意念和影响人们思想的能力。J. B. 杰克逊(J. B. Jackson)和约翰·斯蒂尔格(John Stilgoe)曾经从多个角度对景观(landscape)一词进行探讨,认为古代德语词汇景观(landschaft)与英语词汇山水(landskip)不同,它的意思并不是风景,而是一种集体工作的环境,是一种指向社会认知的人类栖息地,包括未开垦的森林和草地包围着的住宅、牧场和农田等,并暗含了一种深刻的纳入时间的主客体之间的关系模式①。当地居民对景观的认知并非刻意进行视觉审美,更多的是通过生活习惯,在日常使用的过程中感知。

　　农业景观是以生产、生活为目的而自发形成的实用性景观。洪泛平原的水田与干旱山地的梯田表现出了不同的景观形式。形式的不同并非来源于当地居民的视觉感受。前者为了抵御洪涝灾害,尽可能在低洼地区引导排水,形成了丰富的农田水网结构;而后者由于气候干旱缺水,通常顺着山形地势收集雨水,表现出了弯曲的条带状梯田形式。如果说非要为农田的形式找到其根源的话,其本质来源是由当地的物候特征和耕作方式决定的。

　　农田肌理作为文化景观中典型的外在表现,不是先于主观描述而客观存在的事物,而是在漫长的岁月中,人类(生活在这里的居民)对自然的一种生活感知,呈现出一种人文过程和自然进程之间的关联模式。它不仅仅给人们

图 8.2　耕作的景观

提供漫步、逗留和视觉审美的空间,而更多的是作为一种文化体验和人类生活的经历。因此,这种劳作的景观作为一个不断发展变化的文化演进

---

　　① ［美］詹姆斯·科纳著;吴琨,韩晓晔译. 论当代景观建筑学的复兴[M]. 北京:中国建筑工业出版社,2008

过程,帮助我们认识、理解和记忆先辈们的田园式生活状态(图 8.2)。这种风景园林文化在于它的概念性,即引导自然演替进程的思想策略,而不在于它的外在形式。如果说这些农田形式具有某种文化属性的话,其文化性是基于不同的生活环境,在具体的使用过程中形成的。停止了生产与劳作也就没有了农业景观的概念,那么农田的形式也就变得毫无意义了。

以实用性为目的的农业景观没有任何的矫揉造作的文化符号,也不关注抽象的空间,甚至没有任何外在形式审美的动机。因为,耕作的农民无暇顾及这些空洞的外表,他们凭着生活的习惯和经验,关注季节变化过程中的自然演替进程,这是一种自发的由自然生态向文化生态演进的过程。

风景园林总是与人类生活密切相关,它是在一定的社会和历史时期逐渐被建立起来的,并随着其使用方式的持续变化也在不断地延伸与发展,例如:美丽的自然景观(森林、海边、草原等),培植生产的农业景观(农田、菜地、鱼塘等)以及为人们提供活动(放风筝、坐雪橇、燃篝火、看演出等)的城市景观……这些景观的形式虽然多元而复杂,其形式的来源都是源自景观的实用性和概念性。在这里,形式仅仅描绘了人类栖居的即时状态,而景观概念则引导了人类栖居的持续变化过程。因此,景观中概念与形式是一个相互影响与相互促进的有机整体,在一定程度上,二者可以相互转换。

8.2.2 土著·前卫

先锋的实验越来越关注大众的现实生活,马丁·海德格尔哲学开始关注普通人的日常生活;约瑟夫·博伊斯倡导人人都是艺术家;而伯纳德·屈米的拉维莱特公园一直在追寻一种新的城市生活和公众事件的组织策略,到后来的概念艺术、观念艺术,可以说都是以一种先锋的姿态来关注普通大众的日常生活感知。

相反,一些传统的土著景观则与当代景观存在一定程度上的不谋而合。从远古时期的"巨石圈"(图 8.3)到当代的大地艺术——螺旋形防波堤(图 8.4),它们的共同特征都揭示了一种人类干预自然之后的人文演进历程。尽管,先锋实验的形式往往难以理解,但景观的形式并不是他们关注的焦点。人类活动干预自然的方式及其人文内涵,才是人类社会历史文化遗存和当代先锋景观实践所展现的文化魅力!

图 8.3　英格兰威尔特郡的远古"巨石阵"(公　　　图 8.4　螺旋形防波堤
元前 2750 年至公元前 1500 年)

　　当代先锋景观与土著的乡土景观在人文内涵方面存在着某种潜在的关联性和共通性。前文我们分析了远古时期人类经过漫长的生存经验的积累而形成的,至今仍然持续地为人类服务的伟大智慧,对当前处理人与自然关系具有十分重要的启发价值,这些历史文化遗存为人类正确地认识自然,合理的介入自然树立了典范;而当代景观所倡导的适宜技术,其实就是强调一种科学合理的干预自然,即便是某些设计师所标榜的高技派其实也仅反映了这个时代人们普遍的生活方式,经过时间的洗礼,最终留下的同样是那些合理的干预所形成的景观。

　　我们从土著与前卫之间存在的关联性与共通性的理解中,不难推导出传统与现代之间的连贯性与延续性。虽然不同时代的人类活动呈现出不同的文化价值观,但人类在任何历史时期都应该运用现有的知识,对场地进行科学合理的干预,并将人的活动限定在一个适宜的范围之内,最终建立起人与自然和谐的栖居环境。

8.2.3　文化·自然

　　自人类诞生以来,自然景观随着人类活动介入的逐渐深入,演变成了一种具有文化属性的景观,同时受到西方二元思维的影响,人们理性地将这种文化景观与自然景观区分开来,以至于产生了自然与文化对立的观念。然而当代社会又发生了新的变革,随着人类介入自然、干预自然的深入,自然的人文化与文化的生态化表现得日益突出。地理学家唐纳德·

W. 迈宁(Donald W. Meining)认为①,"环境哺育我们成为生物;景观展现我们成为文化(1979 年)"。自然生态的人文演进历程揭示了自然之间以及人类与自然和人工环境之间是如何相互作用的。

风景园林的形成往往是基于人类生存的需要,在遵循自然规律的前提下,对土地、植被等自然资源施加了各种影响,进行了一定的改变。从表面来看,他们仅仅是为自然服务,特别是那些将主要精力都关注与自然生态环境的恢复和动植物栖息地的保护的环境决定论者,总是单纯地研究修复自然的技术和方法,而完全忽略了人类社会和文化的演变。马克思曾论述了几乎不存在不被人化的自然,而自然在人化的过程中也从来不会消失,两者缺一不可。在一个没有人类文明的纯生态学的自然世界是不可想象的②。即便是原始荒野,也饱含着人类深刻的认知、感情的寄托和丰富的想象。

阿尔托曾说过:"文化,源于人类的天性与本能,源于自然。"(Culture is based on instinct and material)我们从哲学层面来对自然与文化进行广义的认识,有助于我们更全面地理解人类与自然的关系,从历史文化景观中得到启发,并引导人们对当下社会现实下的自然物质形态的文化演进。认识、维护、顺应、延续各个地区原有的自然进程和文化进程是目前世界范围内风景园林师普遍的价值观③。

8.2.4 显影本来面目

近代以来,受社会发展进程的影响,我国风景园林在传统文化与现代文化之间的文脉是断裂的。一方面,我国现代风景园林理论构建缺乏思想的根基,无论是从北京的皇家园林还是苏州的私家园林出发都难以建立起适应当前人们日常生活的文化理论体系。在同一时期,西方强势文化的侵入又让我们将目光转向西方现代风景园林,进而丧失了自己的文化价值观。在这理论构建远远落后于实践的现实情况下,国内巨大的建设量,使得许多项目并不能像过去那样"精耕细作",最终形成了一个个"文化沙漠"。

---

① [美]弗雷德里克·斯坦纳(Frederick R. Steiner)著;周年兴译. 生命的景观——景观规划的生态学途径[M]. 北京:中国建筑工业出版社,2004
② [美]詹姆斯·科纳著;吴琨,韩晓晔译. 论当代景观建筑学的复兴[M]. 北京:中国建筑工业出版社,2008
③ 林箐,王向荣. 风景园林与文化[J]. 中国园林,2009(01):19-23

因此,在我国现代风景园林与传统风景园林的发展呈现出与历史割裂的状态下,如何与有着几千年光辉灿烂的中华文明进行跨时间对话,如何与国外风景园林的先进理念进行跨文化交流,是摆在我们每一位风景园林师面前最为突出的任务。

于是,我们一直苦于探索一种符合我国当代风景园林现实的文化适应性模式,来指导我们的设计实践。我们到底是应该回到东方传统文化,还是向西方现代文化看齐?笔者认为,我们的问题不在于是向东看还是向西看,而是找不到北,以至于地域文化价值观逐渐迷失。我们有必要从风景园林的本质内涵出发,重新给自己构建一个文化"指北针"。这个"指北针"就是挖掘风景园林文化的本来面目,以此来建立我们自己的当代文化价值体系。

当代风景园林建设反映了当今社会对自然文化关系普遍的认知模式。社会及相关领域的发展也为当代景观提供了一些宝贵的探索性视野,社会学、哲学、艺术、建筑等领域中先锋的思想都为我们对当代景观的反思提供了良好的理论基础。自然不仅仅是为文化的生成与演进提供场景,其自身就是一个不断变化的进化过程。因此,景观应该遵循场地中自然的过程以及具体事件的展开,并建立起一套科学分析(水文、地形、植被和社会科学)基础上的操作体系,给场地赋予开放性的景观策略和一个不确定的未来。那些形式单一,且没有永久性结构和范围的景观往往能够抵御时间的侵蚀,成为社会历史和文化的一部分。因为这些景观支持着广泛的人类生活,它们具有良好的自我更新及运作方式,能够对事件的发生与人们的日常生活体验做出积极回应。正是这种持续的文化生命力,驱动着人类社会的发展与变迁。

本书提出当代风景园林中自然生态向人文生态演进理念,有利于揭示风景园林的本来面目,去除客观中立的符号化描述和抽象的形式审美,让人们重新回到经验的世界中来。风景园林作为人类诗意地栖居,必须根植于现代人们生活的现实体验,这种现实体验来源于场地的特征和场地中使用者的互动,其文化内涵也就蕴含在特定情境的使用过程中。因此,仅从视觉、形态、生态或经济的角度来研究景观是不可能发现风景园林复杂关系和内在的社会结构的,我们应该建立起适应当下人们日常生活的自然人文生态系统,为当代风景园林的理论与实践提供一定的参考。

8.3 创新点和不足

——本研究的创新点

理论研究要有所创新必须要针对当前出现的问题以及现象进行反思，然后根据当代社会的发展需求做出新的探索。

本书在研究方法、研究角度、研究内容及其研究观点与结论上在国内以往类似研究的基础之上具有一定的发展和创新性。本书研究的创新点可以归结如下：

（1）本书的观点

在理论梳理和案例分析的基础上，确立了风景园林中自然生态向人文生态演进的基本理念，为当前风景园林理论研究和实践探索，建立起一套基于哲学认知体系（主要指的是"自然的人化"概念）下的文化解释系统，为现有的风景园林实践提供一种如何认识、介入自然以及如何发现、维护并延续场地中的自然、文化特征的新思路。

（2）研究的内容

不同的历史时期所面临的社会矛盾和问题不同，因此风景园林的理论研究需要依据当前社会所出现的风景园林现象进行剖析，为当前（特别是当前我国的现状）所面临的问题提出相应的解决措施或适应性的理论。本书研究的内容具有一定的时效性，本书的研究紧扣当前我国风景园林所面临的机遇与挑战（即生态系统退化、地域文化缺失、城市化进程导致的风土"突变"），进行反思性理论研究与实践探索，得出了具有一定实际指导意义的研究成果。

（3）跨学科交叉研究

本书将"自然的人化"这样一个哲学层面的探讨与现有风景园林学科相结合，提出了一种风景园林新理念。风景园林作为一门涵盖多领域的综合性学科，受着当今社会多方面影响，社会文化、哲学、景观生态、城市建筑等领域中先锋的思想都为我们对当代风景园林的探索提供了良好的理论基础。这些都保证了本研究在更高、更广的层次上寻求灵感，极大地拓展了风景园林文化认知的内涵与外延。

（4）概念性视野

本书从风景园林的概念性视野出发，分析当前我国自然、文化生态环境所面临的问题，并提出了有效的应对策略；同时通过将本书的核心概念——"自然的人化"运用于风景园林理论,对风景园林中自然、人文、城市等方面进行了多层面、多向度的深入探讨,提出了一种新的理念,拓展了现有的认知方式和价值理念。在当代这样一个复杂而多元化的社会文化背景下,仅从视觉、形态、生态或经济的单个层面来探讨设计形式的转变不能够完全展现风景园林内在的社会结构以及复杂多元的社会现实。这种"概念本位"视野下的研究方法,既弥补了既往研究以"形式本位"为主的不足,又同时提出了一种自然生态向人文生态演进的风景园林新理念,为今后风景园林理论与实践中自然演进及其文化诉求方面提供了双重的参考价值。

　　——本研究的不足

　　当代风景园林中自然、人文生态系统研究在国际上已经得到了广泛的认可,一些先锋派设计大师的实践探索也受到了业界以及媒体的广泛好评。然而,现成的理论在进行本土化的实践过程中还存在一定的局限性,书中所涉及的中国现实及其新探索远不止文中描述的那几种情况,而现实状况远比它们要复杂得多。杭州西湖等个别案例的成功并不能代表我们已经找到了万古不变的模式与真理。因此,我们必须要认清现实,在地域差异很大的中国,某个局部地区取得一定成果必然有它的特殊性,对于其他广大地区的自然文化景观的研究还存在多方面的缺憾,其理论和实践都还有待继续探索。

　　另外,本书试图在风景园林的概念性视野下探讨自然、人文生态演进的机制与理念,仅限于在历史地理学角度下的概要论述。非常遗憾的是,对于有着博大精深的中国传统园林的研究不够深入,实际上中国传统园林有着非常多的设计思想与智慧,至今还影响到我们生活中的方方面面。

8.4　研究启示及展望

8.4.1　研究启示

　　当代先锋设计师总是在强调设计的过程以及形式产生的来源。新形式创造的枯竭导致一些风景园林面临文化的消退与丧失。或许我们未来的研究更多的应跳出现有的仅仅对历史文化符号化的模仿,而关注景观事件的过程及其运作方式,解决社会问题的同时满足当代人们的现实生活。本研究为我国当下处在西方强势文化侵蚀的大环境下寻求自我文化身份的认同提供了一定的可能性,这是我们每一位设计师的责任。

与国际接轨是前些年的主流思想,现在看来并不完全正确,从风景园林的本质内涵出发,找回自我才是发展的根本所在。另外,对边缘文化的强调和风景园林思潮之外的设计思想的重视,有利于找出差异性特征。

8.4.2　研究展望

风景园林中自然生态向人文生态演进理念的研究是一个极为复杂的系统,本书的研究只是一个开始或者说是一个巨大历史进程中的某个节点,每个不同地区都有着完全不同的自然文化生态系统;面对具体问题需采用不同的演进策略。文中涉及的面非常广,有些方面本该做更为深入的研究,但限于篇幅只能概括论述。

值得庆幸的是,越来越多的国内设计师和理论家关注风景园林文化研究以及文化身份认同问题。他们在创作实践和理论研究中执著追求,并取得了大量有价值的成果。

"自然的人化"是一个恒久的文化议题,需要我们对其进行持续地探索和实践,不断发现与风景园林之间的新的结合点,并随着时代的变迁而焕发出新的活力。

在此,与探索风景园林中自然、人文生态演进以及构建人与自然和谐发展模式的前辈和同仁共勉!

参 考 文 献

■专著及译著

[1] [美]艾伦·卡尔松著;陈李波译. 自然与景观[M]. 长沙:湖南科学技术出版社,2006

[2] 程文锦. 发现西湖——论西湖的世界遗产价值[M]. 杭州:浙江古籍出版社,2007

[3] 邓道喜. 马克思的人化自然观及其当代意义[M]. 武汉:武汉理工大学出版社,2009

[4] 邓辉. 从自然景观到文化景观——燕山以北农牧交错地带人地关系演变的历史地理学透视[M]. 北京:商务印书馆,2005

[5] [德]狄特富尔特著;周美琪译. 哲言集——人与自然[M]. 北京:生活·读书·新知三联书店,1993

[6] 董哲仁. 莱茵河——治理保护与国际合作[M]. 郑州:黄河水利出版社,2005

[7] [德]费尔巴哈(Ludwig Andreas Feuerbach)著;荣震华译. 基督教的本质[M]. 北京:商务印书馆,1997

[8] 冯广宏. 因水而兴——世界奇迹都江堰[M]. 成都:巴蜀书社,2004

[9] 冯炜(William W. Feng)著;李开然译. 透视前后的空间体验与建构[M]. 南京:东南大学出版社,2009

[10] [美]弗雷德里克·斯坦纳著;周年兴译. 生命的景观——景观规划的生态学途径[M]. 北京:中国建筑工业出版社,2004

[11] 薄义群,卢锋. 莱茵河——人与自然的对决[M]. 北京:中国轻工业出版社,2009

[12] [西]葛拉西安著;王涌芬译. 智慧书[M]. 北京:中央编译出版社,2009

[13] [美]杰弗瑞·杰里柯(Geoffrey and Susan Jellicoe)著;刘滨谊等译. 图解人类景观——环境塑造史论[M]. 上海:同济大学出版社,2006

[14] 杭州园林设计院有限公司主编. 自然与人文的对话——杭州西湖综合整治保护实录[M]. 北京:中国建筑工业出版社,2009

[15] 侯鑫. 基于文化生态学的城市空间理论——以天津、青岛、大连研究为例[M]. 南京：东南大学出版社，2006

[16] [美]Ian 麦克哈格著；芮经纬译. 设计结合自然[M]. 北京：中国建筑工业出版社，1992

[17] 角媛梅. 哈尼梯田自然与文化景观生态研究[M]. 北京：中国环境科学出版社，2009

[18] 金其铭，董新. 人文地理学导论[M]. 南京：江苏教育出版社，1987

[19] [法]居伊·德波著；王昭风译. 景观社会[M]. 南京：南京大学出版社，2007

[20] [美]K 弗兰普敦著；张钦楠译. 现代建筑：一部批判的历史[M]. 北京：生活·读书·新知三联书店，2004

[21] [德]卡尔·马克思(Karl Marx)著. 1844 年经济学哲学手稿[M]. 北京：人民出版社，2002

[22] [英]科林伍德著；吴国盛等译. 自然的观念[M]. 北京：华夏出版社，1999

[23] [挪]克里斯蒂安·诺伯格·舒尔茨著；李路珂，欧阳恬之译. 西方建筑的意义[M]. 北京：中国建筑工业出版社，2005

[24] [美]拉普卜特著；常青等译. 文化特性与建筑设计[M]. 北京：中国建筑工业出版社，2004

[25] [美]蕾切尔·卡逊著；吕瑞兰，李长生译. 寂静的春天[M]. 长春：吉林人民出版社，1999

[26] 李世书. 生态学马克思主义的自然观研究[M]. 北京：中央编译出版社，2010

[27] 李旭旦. 人文地理学[M]. 上海：中国大百科全书出版社，1984

[28] 郦芷若，朱建宁. 西方园林[M]. 郑州：河南科学技术出版社，2002

[29] [德]利普斯著；汪宁生译. 事物的起源：人类文化史[M]. 兰州：敦煌文艺出版社，2000

[30] [法]列维·斯特劳斯著；李幼蒸译. 野性的思维[M]. 北京：商务印书馆，1987

[31] 林惠祥. 文化人类学[M]. 北京：商务印书馆，2002

[32] 刘先觉. 阿尔瓦·阿尔托——国外著名建筑师丛书[M]. 北京：中国建筑工业出版社，1998

[33] 鲁枢元. 自然与人文：生态批评学术资源库[M]. 上海：学林出版

社,2006

[34] 陆扬. 文化研究概论[M]. 上海:复旦大学出版社,2008

[35] 陆扬,王毅. 文化研究导论[M]. 上海:复旦大学出版社,2006

[36] [美]路易斯·芒福德(Lewis Munford)著;宋俊岭译. 城市文化[M]. 北京:中国建筑工业出版社,2009

[37] [美]罗伯特·文丘里著;周卜颐译. 建筑的复杂性与矛盾性[M]. 北京:中国建筑工业出版社,1991

[38] [美]露丝·本尼迪克特著;王伟等译. 文化模式[M]. 北京:生活·读书·新知三联书店,1992

[39] [德]马丁·海德格尔著;孙周兴选编. 海德格尔选集[M]. 北京:生活·读书·新知三联书店,1966

[40] [德]马丁·海德格尔著;郜元宝译. 人,诗意地安居:海德格尔语要[M]. 上海:上海远东出版社,1995

[41] 彭峰. 完美的自然——当代环境美学的哲学基础[M]. 北京:北京大学出版社,2005

[42] 单霁翔. 走进文化景观遗产的世界[M]. 天津:天津大学出版社,2010

[43] [美]塞缪尔·亨廷顿著;周琪等译. 文明的冲突与世界秩序重建[M]. 北京:新华出版社,2002

[44] [美]塞缪尔·亨廷顿,劳伦斯·哈里森著;程克雄译. 文化的重要作用:价值观如何影响人类进步[M]. 北京:新华出版社,2002

[45] 谭徐明. 都江堰史[M]. 北京:水利水电出版社,2009

[46] 田合禄. 周易自然观[M]. 太原:山西科学技术出版社,2008

[47] 佟立. 西方后现代主义哲学思潮研究[M]. 天津:天津人民出版社,2003

[48] 王清华. 梯田文化论[M]. 昆明:云南大学出版社,1999

[49] 王维. 人·自然·可持续发展[M]. 北京:首都师范大学出版社,1999

[50] 王向荣,林箐. 西方现代景观设计的理论与实践[M]. 北京:中国建筑工业出版社,2002

[51] [英]威廉·贝纳特,彼得·科茨著;包茂红译. 环境与历史:美国和南非驯化自然的比较[M]. 南京:译林出版社,2011

[52] [加]威廉·莱斯著;岳长龄等译. 自然的控制[M]. 重庆:重庆出版

社,1996

[53] [美]威廉·马什著;朱强等译. 景观规划的环境学途径[M]. 北京：
中国建筑工业出版社,2006

[54] 吴家骅著;叶南译. 景观形态学：景观美学比较研究[M]. 北京：中国
建筑工业出版社,1999

[55] 吴良镛. 人居环境科学导论[M]. 北京：中国建筑工业出版社,2001

[56] 夏建中. 文化人类学理论学派——文化研究的历史[M]. 北京：中国
人民大学出版社,1997

[57] 肖笃宁. 景观生态学(第二版)[M]. 北京：科学出版社,2010

[58] 谢觉民. 人文地理笔谈——自然·文化·人地关系[M]. 北京：科学
出版社,1999

[59] 徐开来. 拯救自然——亚里士多德自然观研究[M]. 成都：四川大学
出版社,2007

[60] 杨冬辉. 城市空间扩展与土地自然演进——城市发展的自然演进规
划研究[M]. 南京：东南大学出版社,2006

[61] 俞孔坚. 理想景观探源——风水与理想景观的文化意义[M]. 北京：
商务印书馆,1998

[62] 俞孔坚. 景观：生态、文化与感知[M]. 北京：科学出版社,2003

[63] [美]约翰·O. 西蒙兹著;俞孔坚,王志芳,孙鹏译. 景观设计学——
场地规划与设计导则[M]. 北京：中国建筑工业出版社,2000

[64] [美]约翰·O. 西蒙兹著;程里尧译. 大地景观——环境规划指南[M].
北京：中国建筑工业出版社,1990

[65] Zev Naveh 著;李秀珍等译. 景观与恢复生态学——跨学科的挑战[M].
北京：高等教育出版社,2010

[66] [美]詹姆斯·科纳(James Corner)著;吴琨,韩晓晔译. 论当代景观
建筑学的复兴[M]. 北京：中国建筑工业出版社,2008

[67] 张玉斌. 人世间最后的伊甸园：30 个优美宁静的人间天堂[M]. 北
京：北京工业大学出版社,2004

[68] 郑瑾. 杭州西湖治理史研究[M]. 杭州：浙江大学出版社,2010

[69] 周曦,李湛东. 生态设计新论——对生态设计的反思与再认识[M].
南京：东南大学出版社,2003

[70] 朱狄. 原始文化研究[M]. 北京：生活·读书·新知三联书店,1988

[71] 朱文一. 空间·符号·城市——一种城市设计理论(第二版)[M].

北京:中国建筑工业出版社,2010

[72] Charles Waldheim. Landscape Urbanism Reader[M]. New York: Princeton Architectural Press, 2006

[73] Deunk, Gerritjan. 20th Century Garden and Landscape Architecture in the Netherlands[M]. Rotterdam: Nai Publishers, 2002

[74] Edward R. Tufte. The Visual Display of Quantitative Information (Second Edition)[M]. Cheshire: Graphics Press, 2001

[75] Geoffrey and Susan Jellicoe. The Landscape of Man: Shaping the Environment from Prehistory to the Present Day[M]. London: Thames and Hudson, 2000

[76] James Corner. Terra Fluxus. In: Charles Waledheim(ed). The Landscape Urbanism Reader[M]. New York: Princeton Architectural Press, 2006

[77] James Corner. Landscape Urbanism. In: Mohsen Mostafavi and Ciro Najle(ed). Landscape Urbanism: a manual for the machinic landscape[M]. London: Architectural Association Publications, 2004

[78] James Corner, Alex S. MacLean. Taking Measures Across the American Landscape [M]. New Haven, Conn: Yale University Press, 1996

[79] James Corner. The Agency of Mapping: Speculation, Critique and Invention. In: Denis Cosgrove(ed). Mappings[M]. London: Reaktion Books Ltd, 1999

[80] J. B. Jackson. "The Accessible Landscape", in A Sense of Place, A Sense of Time [M]. New Haven, Conn: Yale University Press, 1996

[81] John O. Simonds, Barry W. Starke. Landscape Architecture: A Manual of Environmental Planning and Design (fourth edition) [M]. McGraw-Hill Companies. Inc. 2006

[82] John Beardsley. Earthwork and Beyond: Contemporary Art in Landscape[M]. New York: Abbeville Press, 1998

[83] Julia Czerniak. Case: Downsview Park Toronto[M]. New York: Prestel Publishing, 2002

[84] Mohsen Mostafavi and Ciro Najle. Landscape Urbanism: A Manual

for the Machinic Landscape[M]. London：AA Publication，2004

[85] Norman T. Newton. Design on the Land：The Development of Landscape Architecture[M]. Cambridge，MA：The Belknap Press of Harvard University Press，1997

[86] Rem Koolhaas，Bruce Mau. S，M，L，XL[M]. New York：Monacelli Press，1995

[87] Ronald Inglehart. Modernization and Post-modernization：Cultural，Economic，and Political Change in the 43 societies[M]. New York：Princeton University Press，1997

[88] Simon Sadler. The Situationist City[M]. Cambridge：The MIT Press，1999

[89] Wilson，Osborne Edward. The Diversity of Life[M]. Cambridge：The Belknap Press of Harvard University Press，1992

■学位论文

[90] 董璁. 景观形式的生成与系统：[博士学位论文]. 北京：北京林业大学，2001

[91] 华晓宁. 建筑与景观环境的形态整合：[博士学位论文]. 南京：东南大学，2006

[92] 华晓宁. 当代景观都市主义理念与实践研究：[博士后出站报告]. 上海：同济大学，2009

[93] 兰久富. 社会转型时期的价值观念研究：[博士学位论文]. 北京：北京师范大学，1997

[94] 李蕾. 建筑与城市的本土观：现代本土建筑理论与设计实践研究：[博士学位论文]. 上海：同济大学，2006

[95] 沈实现. 新自然观视野下的景观规划与设计：[博士学位论文]. 北京：北京林业大学，2008

[96] 孙彦青. 绿色城市设计及其地域主义维度：[博士学位论文]. 上海：同济大学，2007

[97] 王晓俊. 基于生态环境机制的城市开放空间形态与布局研究：[博士学位论文]. 南京：东南大学，2007

[98] 徐宏. 论中国古典园林的核心意义：[博士学位论文]. 南京：东南大学，2007

[99] 徐小东.基于生物气候条件的绿色城市设计生态策略研究:[博士学位论文].南京:东南大学,2005

[100] 张晋石.乡村景观在景观规划与设计中的意义:[博士学位论文].北京:北京林业大学,2006

[101] 郑曦.城市新区景观规划途径研究:[博士学位论文].北京:北京林业大学,2006

■ 连续出版物

[102] [美]巴里·斯塔克(Barry W. Starke)著;王玲译.人类栖息地、科学和景观设计[J].城市环境设计,2008,(01):14－19

[103] 常青,沈黎,张鹏,等.杭州来氏聚落再生设计[J].时代建筑,2006(02):106－109

[104] 陈爽,张皓.国外现代城市规划理论中的绿色思考[J].规划师,2003(04):71－74

[105] 邓辉.卡尔·苏尔的文化生态学理论与实践[J].地理研究,2003(09):626－634

[106] 冯纪忠.何陋轩答客问[J].世界建筑导报,2008(03):14(本文首刊于时代建筑1988年第3期)

[107] 冯纪忠.冯纪忠语录[J].世界建筑导报,2008(03):22(本文重刊于华中建筑2010年第3期《与古为新——谈方塔园规划与何陋轩设计》)

[108] 韩东屏.实然·应然·可然——关于休谟问题的一种新思考[J].汉江论坛,2003(11):57－62

[109] 韩炳越,沈实现.基于地域特征的景观设计[J].中国园林,2005(07):61－67

[110] 侯晓蕾,郭巍.感知·意象——西班牙风景园林师拜特·菲格罗斯[J].中国园林,2005(11):41－45

[111] [美]卡尔·斯坦尼兹著;黄国平整理翻译.景观设计思想发展史——在北京大学的演讲[J].中国园林,2001(05－06)

[112] [美]克里斯托弗·亚历山大(Christopher Alexander)著;严小婴译.城市并非树型[J].建筑师,第24期

[113] 李睿煊,李香会.流动的色彩——巴西著名设计师罗伯特·布雷·马克思及其景观作品[J].中国园林,2004(12):19－24

[114] 林箐,王向荣.风景园林与文化[J].中国园林,2009(01):19-23

[115] 林箐,王向荣.地域特征与景观形式[J].中国园林,2005(06):16-24

[116] 刘成纪."自然的人化"与新中国自然美理论的逻辑进展[J].学术月刊,2009,41(09):12-20

[117] 刘东云.景观规划的杰作——从翡翠项圈到新英格兰地区的绿色通道规划[J].中国园林,2001(03):61-69

[118] 刘菁.科学发展观视野中人文生态的价值目标[J].湖南社会科学,2010(06):32-34

[119] [德]M 海德格尔著;孙周兴译.艺术的起源与思想的规定[J].世界哲学,2006(01):76-82

[120] [法]米歇尔·高哈汝(Michel Corajoud).从表现自我到认知自然的设计理念[J].风景园林,2005(03):16-24

[121] [法]米歇尔·高哈汝发言;朱建宁评介.米歇尔·高哈汝在中法园林文化论坛上的报告[J].中国园林,2007(04):61-68

[122] 莫茜.论人化自然与地球环境问题[J].学术界,1995(02):11-14

[123] 牛慧恩.美国对"棕地"的更新改造与再开发[J].国外城市规划,2001(02):26-31

[124] 尼尔·柯克伍德(Niall G. Kirkwood).后工业景观——当代有关遗产、场地改造和景观再生的问题与策略[J].城市环境设计,2007(05):10-15

[125] 孙筱祥.景观从造园术、造园艺术、风景造园到景观和地球表层规划[J].中国园林,2002(04):7-12.

[126] 汤茂林.文化景观的内涵及其研究进展[J].地理科学进展,2000(03):70-79

[127] 唐永进."纪念都江堰建堰2250周年国际学术研讨会"述要[J].天府论坛,1994(03):88-91

[128] [加]V W Maclaren 著;罗希译.城市的评估和报告[J].国外城市规划,1997(02):23-33

[129] 王向荣,韩炳越.杭州"西湖西进"可行性研究[J].中国园林,2001(06):11-14

[130] 王向荣,林箐.现代景观的价值取向[J].中国园林,2003(01):4-11

[131] 王向荣,林箐.自然的含义[J].中国园林,2007(01):6-17

[132] 王向荣. 谈湿地[J]. 园林,2009(04):13-15

[133] 王云才. 景观的地方性——解读传统地域文化景观[J]. 建筑学报,
2009(12):94-96

[134] 杨锐. 景观城市主义在工业废弃地改造中的应用[J]. 现代城市研
究,2008(10):71-76

[135] 俞孔坚. 生存的艺术:定位当代景观设计学[J]. 建筑学报,2006
(10):39-43

[136] 俞孔坚. 景观的含义[J]. 时代建筑,2002(01):14-17

[137] 俞孔坚. 生态系统服务导向的城市废弃地修复设计——以天津桥
园为例[J]. 现代城市研究,2009(07):18-22

[138] 俞孔坚. 论乡土景观及其对现代景观设计的意义[J]. 华中建筑,
2005(04):123-126

[139] 张健健,王晓俊. 树城:一个超越常规的公园设计[J]. 国际城市规
划,2007(05):100

[140] 张彪,谢高地,肖玉,等. 基于人类需求的生态系统服务分类[J]. 中
国人口·资源与环境,2010(06):64-67

[141] 赵中枢. 文化景观的概念与世界遗产的保护[J]. 城市发展研究,
1996(01):29-30

[142] 赵荣. 论文化景观的判识及其研究[J]. 西北大学学报(自然科学
版),1995(06):723-726

[143] 周榕. 时间的棋局与幸存者的维度——从松江方塔园回望中国建
筑30年[J]. 时代建筑,2009(03):24-27

[144] 朱炳祥. "文化叠合"与"文化还原"[J]. 广西民族学院学报(哲学
社会科学版),2000(11):2-7

[145] 竺可桢. 杭州西湖生成的原因[J]. 科学,1921,6(4)

[146] Alex Ulam. Back on Track:Bold Design Moves Transform a De-
funct Railroad into a 21st-Century Park[J]. Landscape Architec-
ture,2009(10):90-109

[147] Charles Waldheim. The Other' 56 [J]. 景观设计学,2009(05):
25-30

[148] Fredrick Steiner. Ian McHarg & Sex Parks for Fish[J]. 景观设计
学,2009(05):20-24

[149] Marlene Hauxner. Parks Ideology in Denmark Today [J]. Topos,

1997(19):38 - 44

[150] Miller M. The Elusive Green Background: Raymond Unwin and the Greater London Regional Plan[J]. Planning Perspectives, 1989(4):15 - 44

[151] Richard Dagenhart;孙凌波译. 可持续的城市形式与结构论题:屈米和库哈斯在拉维来特公园[J]. 世界建筑,2010(01):85 - 89

[152] The 21st-Century Park and the Contemporary City:Three Leading Landscape Architects Converge at MOMA to Assess the State of Park Design [J]. Landscape Architecture,2009(09):56 - 65

■技术标准及技术报告
[153] 联合国人居署编著;吴志强译制组译制. 和谐城市——世界城市状况报告 2008—2009 [M]. 北京:中国建筑工业出版社,2008

[154] 中国风景园林学会编. 风景园林学科发展报告 2009—2010 [M]. 北京:中国科学技术出版社,2010

■互联网资料
[155] 美国风景园林师协会(ASLA)网站. http://www. asla. org
[156] 高线公园与高线之友网站. http://www. thehighline. org/
[157] 纽约市政府网站. http://www. nyc. gov/html/dcp/html/fkl/fkl4. shtml
[158] 联合国教科文组织世界遗产中心网站. http://whc. unesco. org/
[159] 世界文化遗产网. http://www. wchol. com/
[160] 杭州市园林文物局网站. http://www. hzwestlake. gov. cn/

图 表 来 源

图 4.8　区域气候的水循环系统

引自：John O. Simonds，Barry W. Starke. Landscape Architecture［M］. McGraw-Hill，2006

图 4.9　丛林中的"水火山"

图 4.10　"水火山"内部

图 4.11　种植着不同水生植物的水质净化池

图 4.12　由旧砖厂形成的土坑改造成的小湖泊

引自：林箐，王向荣. Bad Oeynhausen 和 Löhne2000 年州园林展［J］. 风景园林，2006(05)：94－98

图 4.13　承载着文化信息的土地景观

引自：John O. Simonds，Barry W. Starke. Landscape Architecture［M］. McGraw-Hill，2006

图 4.14　Westergasfabriek 公园平面

引自：google earth

图 4.15　废弃物和有毒物质的处理

引自：林箐. 西煤气厂文化公园［J］. 风景园林，2004(04)

图 4.16　水通过叠落得到净化

图 4.17　文化遗迹与现代生活方式的结合

引自：Google Earth

图 4.18　工厂原贮气建筑和蓄水池被改造为画廊和水花园

引自：林箐. 西煤气厂文化公园［J］. 风景园林，2004(04)

图 4.19　富士山与当地人文环境

引自：http://www. gootrip. com/gootrip/＿ 20module/mdd/html/2007－08－29/mdd_6574. shtml

图 4.20　洪水期的水上公园作为一个洪泛区域

图 4.21　水上公园外围的密林起到良好的防护作用，并降低水流、净化水质

引自：因娜琪·艾达，张健玲译. 水上公园［J］. 风景园林，2008(05)：84－86

图 5.4　云贵高原梯田景观

引自：http://www. dljs. net/dltp/15712. html

图 5.5　云南沧源考古挖掘的《村落图》岩画

引自：冯炜著，李开然译. 透视前后的空间体验与建构［M］. 南京：东南大学出版社，2009

图 5.6　向心型的围护结构，非洲喀麦隆

图 5.7　生态适应性下的单体形式（剖面）及其群落布局，非洲喀麦隆

引自：John O. Simonds, Barry W. Starke. Landscape Architecture［M］. McGraw-Hill，2006

图 5.8　四川冯家坝群落居住形态

图 5.9　美国明尼阿波利斯地区城市群空间形态

引自：吴良镛. 人居环境科学导论［M］. 北京：中国建筑工业出版社，2001

图 5.10　全球化

引自：http://www. google. com. hk

图 5.11　当代全球化引导下的消费文化

引自：John O. Simonds, Barry W. Starke. Landscape Architecture［M］. McGraw-Hill，2006

图 5.12　西方强势文明对地域文化的侵蚀

引自：http://www. ircc. iitb. ac. in/～webadm/　　update/archives/December03/glob-deb. html

图 5.13　居伊·德波"裸露的城市"，1959 年

引自：Simon Sadler. The Situationist City［M］. Cambridge：The MIT Press，1999

图 5.14　以身体为中心的时空结构

引自：冯炜. 透视前后的空间体验与建构［M］. 南京：东南大学出版社，2009

图 5.15　"飞奔的栅篱"

引自：http://www. boyie. com/article/2008/09/5211. html

图 5.16　"大峡谷的垂帘"

引自：http://www. caijing. com. cn/2009－07－16/110198815. html

图 5.17　查尔斯·约瑟夫·米纳德的叙事地图，1861 年（收藏于 E. J. Marey, La Methode Graphique, 巴黎, 1885 年）

引自：Edward R. Tufte. The Visual Display of Quantitative Information（Second Edition）［M］. Cheshire: Graphics Press, 2001

图 5.18　泽兰东斯尔德大坝，荷兰，1992 年

引自：http://www. west8. nl/projects/all/eastern_scheldt_storm_surge_barrier

图 5.19　1955 年山崎实设计的 PruittIgoe 公寓群

引自：http://www. jahsonic. com/PruittIgoe. html

图 5.20　1972 年，PruittIgoe 公寓群被炸毁标志着现代主义的死亡

引自：http://en. wikipedia. org/wiki/File:Pruitt-Igoe-collapses. jpg

图 5.21　何陋轩入口处的镂空砖墙

作者拍摄

图 5.22　何陋轩局部（成 30°，60°叠落的台基）

作者拍摄

图 5.23　弧墙、小路和台基留下的青苔痕迹

作者拍摄

图 5.24　何陋轩（弧形屋脊与漂浮的支撑杆件）

作者拍摄

图 5.25　埏道的高低起落

作者拍摄

图 5.26　何陋轩局部（压低屋檐，把视线下引）

作者拍摄

图 5.27　随意错开的石板桥

作者拍摄

图 5.28　荷兰建筑师阿尔多·凡·艾克认为要为我们自己的生活而设计

引自：清华大学建筑学院张利教授提供的课件

表 5.1　传统功能主义文化认知体系与迈向信息社会的文化认知体系观点比较

引自：侯鑫. 基于文化生态学的城市空间理论——以天津、青岛、大连研究为例［M］. 南京：东南大学出版社，2006

(本书所有图片除注明外,均来源于笔者资料整理、参与的项目图纸和现场拍摄照片)

附录一:杭州西湖历代整治概述^①

　　杭州是一个濒江带湖的城市,西湖在众多江河中算是一个年轻的湖泊。西湖原来是一个海湾,由海湾而演化成一个潟湖,再由潟湖而变成一个普通的天然湖泊,又由于历代的人工疏浚,再由一个天然湖泊发展为一个人工湖,并成为著名的风景旅游湖泊。

　　西湖与杭州地区其他的普通湖泊相比,其特殊的地理形势和风貌,又环以群山,毗连繁华的城市,使它比一般的天然湖泊更容易湮塞。因此,如果没有历代人民不断地疏浚,西湖必然与这个地区的其他湖泊一样早已湮废为农田了。今天呈现在世人面前的西湖,其实是历代疏浚和治理的结果。

　　一、唐、五代对西湖的整治

　　1. 李沁修六井

　　开杭州、西湖水利建设之先的是唐代杰出的政治家、大谋略家李沁(722—789)。他来到杭州后,首先就对当地的市情作了调查了解。得知杭州百姓的用水之苦,他创造性地采取从地下引水入城的方法解决城内居民饮用淡水的问题,并组织民工在人口稠密的钱塘门、涌金门一带开凿了六口井。他命人先在西湖东岸进行局部疏浚,然后在疏浚过的湖底挖了入水口,砌上砖石,外面打上木桩护栏,在水口中蓄积清澈的湖水。在有的地方还设有水闸,可以随时启闭。然后采用"开阴窦"的方法,掘地为沟,沟内砌石槽,石槽内安装竹管,将西湖水通过竹管引入城内挖好的六井中。整个系统由入水口、地下沟管、出水口三部分组成。因此六井实际上是六个大蓄水池,里面积蓄的是通过管道引来的清澈的西湖水。

　　这是一个非常有创意的城市给水系统。六井的建设解决了城中居民的日常用水困难,疏通了城市发展的瓶颈,使杭州的城市区域不再局限于南部的山麓地区,而是逐渐向城北开阔地带扩展,渐渐从一个边ি小郡发展成为东南部的繁华名郡。六井为杭州城的繁荣创造了条件,西湖也因民生所系而变得日益重要。

　　李沁以后,后世的杭州地方官吏都将解决城市居民的饮水问题作为西湖疏浚的一个重要理由。因此,六井的修建,起初无非是引西湖之水供应杭州百姓的生活之需,但其结果却成为西湖自身能够继续存在的关键。

　　2. 白居易筑堤修湖

　　李沁之后,直到穆宗长庆年间,杭州才迎来了对西湖的治理作出卓越贡献的大诗人白居易(772—864)。在任期间,白居易在杭州的政绩数不胜数,但其中最突出的是

---

　　① 郑瑾. 杭州西湖治理史研究[M].杭州:浙江大学出版社,2010

疏通六井和治理西湖。他兴修水利,拓建石函,疏通了李泌四十多年前开凿的六井。接着他又疏浚西湖,修筑堤坝水闸,增加湖水容量,解决了钱塘(杭州)至盐官(海宁)间农田的灌溉问题。他上任时正是西湖日渐淤塞,湖床抬高,西湖干涸,农田苦旱,人民生活和城市发展受到严重影响的时候。因此,白居易决定整治杭州的水利以抗旱,主要举措是整治西湖,筑建湖堤。

在对西湖进行深入细致的调查研究以后,白居易总结出"凡放水溉田,每减一寸,可溉十五余顷。每一复时,可溉五十余顷"。于是,他决定疏浚西湖,筑堤建闸,以增加湖的蓄水量,遂由石函桥筑堤,迤北至余杭门,"外以隔江水,内以障湖水",这就是白居易所修的"白堤"。他特意将湖堤修筑得比原来的湖岸高上数尺,加大湖深,扩大湖区,增加了西湖的蓄水量,以供旱时的农田灌溉。除修筑西湖湖堤以外,白居易在杭州所进行的另一项重要的水利工作便是浚复六井,疏通送水管道,保证了城里居民的正常用水。同时通过城内的输水管,还可以将湖水引入运河,再顺势流入需要灌溉的下游农田。

在治理西湖、疏通六井之余,白居易对西湖景观的改善也作出了很大的贡献。当时白居易在杭州做官,政务清平,打官司的人不多。凡有穷人犯法者,罚他在湖边种树;富人要求赎罪的话,令他在湖上开垦几亩葑田。如此,他在任几年后,湖边田茂林荫,景色极为幽雅。

白居易在唐代修筑的这条湖堤,对西湖的发展来说是划时代的。因为,从此以后西湖的性质就发生了变化,从一个天然湖泊演变成一个人工湖泊。而他在任职期间所营建的西湖胜景,也成为日后历代贤牧良守为西湖的存留奔走呼号的一个文化层面的原因。

修湖竣工后,白居易还特意用浅显易懂、口语化的文句作了《钱塘湖石记》,详述湖水保护管理的重要性和实施办法,刻石于湖畔,给后任者留下了几项管理西湖的须知事项。首先他写明蓄放西湖水的标准和具体的操作步骤,指出放湖水溉田要定时定量;若遇到岁旱之时,要简化手续,及时放水灌溉。同时加高堤坝可以增加西湖的蓄水量,可足够下游农田的灌溉;除灌田外,还可以补充城内官河的水量,以利杭州城内的水运交通。另外还指明了保护堤坝的方法。第二,驳斥了所谓放水不利的说法,指出西湖放水灌溉农田利多弊少,并不会对城内居民的生活造成影响。第三,告诫后任者要常疏通六井的引水管道,以免湮塞,保证六井用水的充足。第四,交代了为避免相关利益者偷放湖水,要经常巡检涵闸的封闭筑塞,以防盗泄湖水,以得私田。最后说明了湖水水位过高时,泄水防溃堤的具体步骤。它被称为历史上第一部关于西湖的管理法规。

3. 钱镠对西湖的治理

历史上对西湖影响最大的时期,是杭州发展史上极其显赫的吴越国和南宋时期。西湖的全面开发,正是从五代吴越国时期开始的。吴越王钱镠(852—932)是历史上直接统治杭州时间最久、功业最著的统治者。在建立吴越国之前,他曾五次扩建杭州,并花大力气修筑海塘和疏浚西湖,使杭州得到了巨大的发展。

钱镠出身于"家世田渔为事"的农民家庭,对于水利有深刻的认识。他设立了大量都水营田司,专门负责兴修水利。还募集兵卒,在西湖地区,建立了有组织、有规模的执法管护队伍——"撩湖兵"。撩湖兵作为一支经常性的浚湖队伍,主要职责是清除湖中蔓生的葑草和淤积的湖泥,加深湖床,从而保证西湖水域的稳定存在。杭州城市也得到了较大的扩展,西湖也获得了较好的整治,城市与西湖唇齿相依的关系,较之前代更为明显,而这在客观上也大大延缓了西湖沼泽化的过程。

二、两宋时期对西湖的整治

1. 北宋时期对西湖的治理

北宋苏轼对西湖的治理,使西湖美名远扬,在北宋统治的一百六十多年中,杭州官府对西湖进行了多次疏浚。由于民生所系,因此北宋时的许多贤牧良守都把疏浚西湖、畅通六井作为施政的重要工作,为西湖的发展作出了很大的贡献。

不过北宋时期治理西湖最著名的郡守还是大文豪苏轼(1037—1101),他是西湖治理史上与唐代白居易齐名的杰出人物。元祐五年(1090)五月,苏轼上书宋哲宗,写下历史性的文件《杭州乞度牒开西湖状》,请求发放度牒、筹款治理西湖。在状书中,他指出西湖如若湮废,居民无水可饮,必将散掉,城市也就不复存在了。这条道理把西湖的存在与杭州城市的发展紧密联系起来,明确地指出西湖对杭州百姓生活生存的重要性。为此他还向皇帝阐述了五条西湖必修的理由:一是故相王钦若曾为了"祝延圣寿",为真宗皇帝祈福,而奏准以西湖为放生池,一旦湖废,则湖中生灵均将变成"涸辙之鲋",这与朝廷放生祝寿的宗旨不符。第二,杭州百万居民的饮水依赖西湖水的供给,如果西湖壅塞,变成葑田,则城中居民将无水可饮,只能复饮咸苦的潮水,这势必导致百姓耗散、城市衰败。这里,苏轼将西湖的兴废与杭州城市的发展紧密地联系起来,说明了城市和西湖相互依赖的关系。第三,湖水可灌溉下游数十里的农田,是农作物收成的保证。如果西湖湮废,则上千顷的良田将无水灌溉,农业生产必然损失严重。第四,因为湖水不足,使城中的运河只能取水于钱塘江,潮水入城,会导致运河泥沙堵塞。最后,他指出杭州城所交纳的酒税是北宋当时最多的,每年达二十余万缗。酿酒所需的水都取自西湖,一旦西湖缺水,酿酒所需的水就要远取山泉,大大增加了酿酒的成本,从经济的角度来看西湖也是不宜废的。

与此同时,他又向三省上了《申三省起请开湖六条状》,详述了决心开湖的源起,陈述了全面疏浚、治理西湖具体操作的六项计划,并详列了有关经费、人工、设备、分界、违禁以及管理等具体办法,主要目的是请求三省划拨度牒以作开湖费用。这一状书得到了朝廷的批准。为避免西湖再次湮塞,他遂将新开出的湖面分给人户种菱。规定西湖水面原先没有葑草的地方不许人佃种,而在原有葑草之处,在除去葑草后,募人种菱于西湖内,既可以防止葑草再生,又可将所售菱款用作今后治湖的费用,使西湖今后永无葑草湮塞之患。在开葑田疏挖西湖后,他又想到"湖南北三十里,环湖往来,终日不达"。遂将疏浚中挖出来的葑草和淤泥,堆筑起自南至北横贯湖面的长堤。并以文人艺术家的眼光将长堤修在偏西一侧,使西湖分里外,大小参差。堤上种植了芙蓉和杨柳。又在堤上建了六座石拱桥,使堤两侧的湖水可以相通,自此西湖水面分东西两部,而南北两山始以沟通。元祐六年(1091)林希接任杭州知州时,为怀念苏轼疏浚西湖之举,欣然把长堤命名为"苏公堤"。

苏东坡在杭期间,尽心竭力,疏通运河、重修六井、治理西湖、修筑长堤,成为历代杭州郡守的楷模。从他的时代开始,展现了天堂的初景。可以说,西湖是从这时起,才开始真正成为人们流连忘返的风景胜地。

2. 南宋时期对西湖的治理

南宋时期,杭州作为行都,西湖更是受到前所未有的重视,历届地方郡守,都着意对西湖的维护和治理,使西湖的治理更加频繁,湖光山色也更为精致。杭州历届地方官对西湖的治理,基本上是一任接一任,持续不断的。经过多次治理,西湖的环境与水质都保持了较良好的状态,这和南宋前期几任知府对西湖的治理密不可分,大致相隔十多年,就要开展一次较大规模的治理,并制定相应的规定来保证,这样,才使西湖的环境与水质保持了六七十年之久的良好水平。

南宋淳佑年间赵与篡(1179—1260)对西湖的四面都进行了开浚,极力拓宽了西湖的面积,并提出了一整套的治湖措施。开浚港脉,待疏通后再划分地段,派人挖掘葑泥,以恢复西湖的原貌。他还花重金买回水口附近的河荡,澄滤湖水,不让杂草以及菱、荷、茭等的根茎存留在湖中腐烂后污染湖水;并立石为界,规定舟船不得入,滓秽不得侵,以保持饮用水源的常年清洁。另外还引天目山水(南苕溪)以补充西湖水量的不足,保证了城内居民饮用水的来源。在他的精心治理下,西湖终于和当年一样,湖水充盈清澈。

咸淳六年(1270),潜说友遂"申请于朝,乞行除拆湖中菱荷,毋得存留秽塞,侵占湖岸之间",得到了御笔批示,于是开始对西湖进行疏浚,清除湖中菱荷,禁止人们乱抛粪土、栽菱荷及浣衣洗马,以保持湖水清洁。经过潜说友的这次治理,西湖"草木润而鱼鸟乐",保持了较好的生态环境。

综观宋代的历次疏浚,两宋时期对于西湖的治理,基本上是前后一贯持续进行的,官员在具体的治理工作中也比较认真有效,官府查处违法占湖的措施也比较严厉而及时,对西湖水域的保护起到了重要作用,因此,总体上来看,"终宋之世,湖无壅淤之患"。而之所以能形成并维持这样的局面与结果,显然与杭州、西湖作为吴越故都、南宋都城有着极为重要的关系。同时,地方行政长官的长远眼光和务实态度,也起到了不可或缺的作用。

三、明代对西湖的整治

1. 杨孟瑛之前明代治理西湖概述

南宋灭亡之后,历史上的烟水暖风、四季美景被元朝统治者认为是导致南宋君臣沉溺于寻欢作乐而终于亡国的祸根。除了元世祖至元年间曾一度疏浚过西湖外,终元一朝,未曾对西湖做过像样的疏浚。这种做法一直持续到明初,导致湖山美色几近湮没。随着杭州社会经济的恢复和发展,杭州地方官才开始关注西湖,逐渐有人开始倡议浚治西湖。当时一些有识之士已经意识到整治西湖的重要性,提出了许多治理西湖的建议,要求禁止豪强侵占,重新疏浚湖面。曾任通政司通政的郡人何琮绘制了西湖两图,并就西湖的整治提出了自己的一些看法。将凡过去属于西湖而被人侵占的,不分远近,尽行收回,整治,并在修复的地方筑堤,设立标志物,自断桥东起,至雷峰塔而止,长约两千丈,湖面开始重新复原了。此后,杭州知府胡浚、浙江太监李义、浙江布政使宁良、巡抚都御史刘敷、按察副使杨瑄、巡按浙江监察御史吴一贯、钱塘县知县胡道等都对西湖作出了一定的贡献,使得西湖水的管护、蓄泄等终于"渐有端绪",西湖的整治终于有了一点起色。

从唐宋时期开始白居易、苏轼等人,每次治理西湖都是一件兴师动众、颇为烦巨的大事。而在明代,疏浚西湖遇到的阻力更大。首先是"积习之难拔"。当初那些豪民所圈占的田地,都已传业数代成为世产了,要后世子孙无偿交纳出来,困难重重。其次是"国赋之难除"。湖之迁而为荡,湖之废而为田,由来已久。第三是"国费之难供"。从历史经验来看,水利建设,都要耗费巨大的人力、物力和财力,治湖的费用筹措困难,也是西湖难浚的一个重要因素。除此之外,还有一个很重要的原因就是,当时的人们大多把西湖当做一个仅供游览的风景地,而忽视了它作为下游农田灌溉和城内运河补充水源的功能,因此认为西湖的治理是无关紧要的事情。事实上西湖的管理上,如果平时多注意日常维护,往往可以达到事半功倍的效果。正是由于地方官往往忽视对西湖的治理,对于西湖,只知享受其美景的单纯索取,而不知日常维护的付出,才导致每次疏浚都要大动干戈,劳民伤财。

2. 杨孟瑛力排众议治西湖

明初零星的治理并不能使西湖彻底摆脱困境。直到弘治、正德年间,杨孟瑛任杭州知州时,西湖迎来了又一次大规模的疏浚和整治,使西湖面貌焕然一新。

当杨孟瑛来到杭州上任时,西湖被占去十分之九,西湖已徒有湖之名,而实不成为湖泊了。再加上当地夏秋两季连续干旱,西湖蓄水不足,导致上塘河两岸农田无水灌溉。他经过亲自实地调查之后,在车梁等人的支持下,力排众议,在早先何琮建议的基础上,起草了《请开西湖奏议》,奏请全面疏浚西湖。他从形胜、御寇、饮水、运输、灌溉等五个方面系统地阐述了西湖疏浚的重要性。首先他从风水的角度出发,认为西湖对杭州城起到了"全角胜而固脉络,钟灵毓秀与其中"的作用。其次,他指出西湖是杭州的天然屏障,如果西湖湮塞,则城市的西部将无险可守,倭寇等就可以很轻易地攻入城中。第三,杭州城内居民饮水全赖西湖,如果西湖被侵占,将使水脉不通、城市供水断绝,造成百姓生活困难。第四,杭州城中众多的水道也依赖西湖水作为补充,如果西湖水源断绝,会造成运河来水枯竭,妨碍市内的水运交通,影响物资的运送。最后,他指出自仁和县至海宁县万顷良田,都依赖西湖水进行灌溉,如果湖水枯竭,还将导致下游良田缺水灌溉,严重影响这一地区的农业生产。

尽管如此,杨孟瑛疏浚西湖仍然面临着巨大的困难。首先是明代西湖荒芜、淤塞的程度比唐宋时期更严重,工程量浩大。其次,明代办事审批手续非常繁琐,要层层上报,处处受制。第三是地方的阻力特别大,西湖很多地方早就被进湖民家和城中有势者圈占,治理西湖涉及不少坟墓要迁,房舍要拆,田地要毁,沿湖豪富之家要得罪。触犯到个人利益,必然遭到既得利益者反对,甚至会被控告。另外还有一些当地颇有声望的官员也站出来反对。

但是,西湖和杭州城市唇齿相依的关系已深入人心,为朝野所公认。因此尽管盗湖为田的人多为权贵,杨孟瑛的态度也非常强硬,他治理西湖的上疏仍然得到了明武宗的认可,终在正德元年(1506),获准疏浚西湖,并获得了工部的拨款。工期分两期进行,中途因暑天太热,再加上正是农忙季节,所以工程暂歇。这次疏浚使苏堤以西至洪春桥、茅家埠一带尽为水面,西面重现大片湖面,西湖大部始复唐宋之旧。并用湖东的泥土和葑草修补苏堤。此外,为了防止临湖民家再次侵占湖面,杨孟瑛又决定将苏堤之外湖西的泥土和葑草用来另筑一堤,在里湖西部又堆筑成一条呈南北走向的长堤,作为湖面的界限。后来杭州百姓感激杨孟瑛对西湖山水和百姓的一片厚爱,遂将这条新筑的堤称为"杨公堤"。

杨孟瑛这一次对西湖的疏浚,实际上是对西湖的一次拯救,如果没有这次大规模的疏浚,西湖很可能就已经湮没了。浚湖成后,杨孟瑛亲自编写了一部《浚复西湖录》,主要收录了他浚复西湖过程中的相关奏议、文牍以及修建四贤祠等方面的文告。

杨孟瑛以后,官府对西湖的严格管理逐渐松懈,于是地方豪族又开始渐渐地围占湖面,日久以后就理所当然地视为自己的家业了。虽然陆陆续续有些地方官员请求疏浚西湖,然而这些吁请都只能"徒托空言",未能被当政者所采纳。因此在杨孟瑛之后,除了万历中聂心汤曾进行过局部浚湖外①,整个西湖水域一直没有得到有效的浚治。

四、清代对西湖的历次整治

1. 康熙、雍正年间的整治

早在顺治十一年(1654),朝廷已诏令各地总督、巡抚都要责成地方官修筑堤防,以时蓄泄,以利农事。于是浙江布政使张儒秀乃重立西湖禁约,勒令占湖为私产者将湖面归还官府,并捐俸银去除了西湖葑草八十余亩,使西湖景象开始有了好转。

康熙二十八年(1689),康熙皇帝首次南巡至杭州,驻跸西湖,御制诗序,并赋诗要求杭州的地方官应效仿北宋时期的苏轼,开浚西湖,溉田利民,谆谆以开湖溉田、筑堤潴水为务。

雍正年间,西湖面积尚有 7.54 km²,但其中有葑滩二十多公顷,经过大规模疏浚

----

① 万历三十五年(1607),钱塘知县聂心汤针对西湖大片湖面又"骎骎插笆笕,树楼榭矣"的严峻局面,在本县力所能及的范围内实施疏浚西湖,去除葑泥,并在西湖湖面再辟放生池。又效仿苏轼旧法,取湖中葑泥,在湖中的小瀛洲放生池外自南而西堆筑环形长堤,同时筑梗拦水,形成"湖中岛、岛中湖"的独特景观。

后,面积广及杨公堤以西至洪春桥、茅家埠、乌龟潭、赤山埠一带。雍正皇帝鉴于地方水利关系民生,最为紧要,决定兴修东南地区的水利,敕令工部会同浙江督抚对西湖疏浚问题进行勘察。当时杭州西湖又逐渐壅塞,废上塘千亩良田的灌溉,于是诏令浙江的地方官吏筹划开浚事宜。调查发现湖面被占为田荡的情况非常严重。觉罗满保、黄叔琳等人经过权衡比较后,认为这些田地为官民利益甚微,而所损于三县民田者实不止于巨万。于是,他们向皇帝上奏,提出要疏浚西湖,还田于湖。具体方案是:将从前百姓侵占的442亩田荡,依照西湖旧址清理,还原为西湖水面,同时豁除这些田荡原先应征的粮米税额;对3125亩淤浅沙滩进行疏挖改造,恢复湖水的深度和洁净;挑浚出来的淤泥和葑草用小船搬运,用来加宽和加高西湖几条旧堤坍损的地方,在里湖各桥建立闸门,根据需要启闭,不使沙土再流入湖内。经过这次整治,总计共有八十五亩多地挑浚完竣,基本恢复了"湖面澄泓,练如镜如"的旧观。

雍正四年(1726),李卫和王钧一起,又开始组织人员对西湖进行深挖,尽量扩大西湖的蓄水量,其中里湖和外湖共三千多亩淤浅处比过去挖深了四至五尺,有的更深达五六尺;又将百姓所占田荡照西湖旧址清理;对湖堤各处坍塌的地方,也像此前的治理一样,将所挑沙草堆积在上面,加以修补。此后又多次开浚西湖上游水道,并在金沙港、赤山埠、丁家山、茅家埠等处筑石闸各一座,用以泄水阻沙。

2. 乾隆年间的治理

乾隆初期,西湖湖面又被濒湖的百姓日渐侵占蚕食。他们先是在湖中种荷花、养鱼,接着就开始圈湖为荡,最后发展到筑堤为塘,甚至培土成田,逐渐占垦,形成淤浅沙滩。

乾隆二十二年,杨廷璋在得到清高宗的许可,开始清理疏浚阻遏西湖水源之处。同时,他还发布命令,规定现存百姓栽荷、养鱼的湖荡,只许用竹箔拦隔,以保持水道通畅,不许私筑土堤,图为日后占垦。此后浙江巡抚三宝也曾疏浚过西湖,不过这次疏浚也仅作了局部的施工,所以疏浚不久就又堵塞了。这几次小规模的疏浚活动都不够彻底,因此西湖并没有得到及时有效的浚治,到嘉庆年间,西湖又开始泥沙淤淀,湖面长满了葑草,湖底渐渐淤塞,堤岸也开始坍塌了。

3. 嘉庆年间的两次大规模治理

浙江巡抚阮元首先捐出了自己的俸禄,用来治理西湖以及杭州的水利。这次工程具体由侯铨同知邱基负责。从学士港流福沟至三桥址,共挖出土方4794方;从三桥址北至满城南,过藩司东行宫前之太平沟、金箔桥、通江桥、过军桥、庆丰关等处,共掘土4651方。这次大规模治理以后,阮元还定下规制,要求今后每年十一月对西湖进行一次常规浚治,并尽量做到"毋减工,毋累民"。事后,阮元还专门撰写了《重浚杭城水利记》,完整地记录了此次疏浚西湖的全过程,令人刻记于碑,使后代的长官都可以看到,可以作为后世治理西湖的经验。

嘉庆十二年,阮元再次出任浙江巡抚。他在勘察西湖时,发现西湖湖底的淤泥非常厚,葑草高出水面。于是,在取得嘉庆帝的谕准后,再次招集民工疏浚西湖。在处理清挖出来的葑草和淤泥时,考虑到北山至南山相距十里,湖面空旷,三潭以南每遇风浪大作,船只没有停泊避风的去处。至此机会,遂效仿北宋苏轼的做法,将所挖的湖泥,积葑为墩,垒成湖中一个小岛,以供游船之人停舟之用。后来杭州百姓为纪念阮元对当地的功绩,名之为"阮公墩"。至此,现代西湖"一湖两塔三岛三堤"的轮廓已经基本形成。

阮元以后,浙江巡抚颜检根据西湖淤塞情况,制定了非常详细的分步骤开疏方案。工程完竣之后,湖面上的葑草全部去除,湖底积年的淤泥也挖去,湖水的深度增加,既满足了下游农田的灌溉,又有利于城内的水运交通。

4. 道光年间的西湖岁修

道光九年(1829),杭州地方百姓在浙江巡抚兼管盐政刘彬士的统领和调拨下,开始了杭州历史上持续时间最久的一次西湖治理。这次治理,从道光九年一直持续到道光二十三年。

杭州在籍绅宦向刘彬士呈递了《岁浚西湖章程十二条》,呈请酌定。刘彬士收到章程后,逐一详查,当即照议批行,很快就成立了具有民间组织机构性质的西湖岁浚局。这是杭州有史以来,西湖浚治工程首次由官府主持改为官府主持、民间绅宦具体经办的合作实施模式。刘彬士认为这种模式具有花钱少、见效快、无侵扣、得人准、效果佳等优点。这份章程从经费来源、经费使用规章、监督方法,到每年浚湖的时间、具体程序、浚湖工具、堆泥场所等,作了非常周备详细的说明,可操作性强。当地绅宦作为此次疏浚的主要力量,长期生活在这里,深刻体会到西湖对城市及人们生活的重要性,也看到了此前西湖屡浚屡塞的现象,深知西湖的疏浚是一项长期工作,需要"按年疏治",而并非大动干戈地疏浚过一次就一劳永逸了。

章程中细致周密的部署,一丝不苟的态度,来源于生活实践的科学方法,取得了非常好的治理效果。其中关于西湖治理的一些注意事项,在今天看来,仍有很好的借鉴意义。显然这次的治理,其主体是地方百姓,而不是官员,这是和此前以及此后的历次疏浚所截然不同的。

与唐宋诸朝相比,清代在对西湖的治理上是后来居上的。具体表现在三个方面:首先,在疏浚的次数上,清代明显要比前朝多得多。而且清代的疏浚多由浙江巡抚、布政使等主持,经费相当充足。其次,治理工作日渐完善,治理措施相对比较成熟、系统。清代除了撩去葑草,除去湖底淤泥,加深湖水深度之外,力求开拓西湖的水源以及下游河道航运和农田的灌溉。第三,保证治湖经费,以加强平时的管理。

五、近现代对西湖的整治

1. 民国时期西湖治理情况

民国二年,杭州开始拆除旧旗营城墙,打破西湖湖滨一带的封禁,从此形成了城市与西湖紧密相依的格局。自清朝同治以后,由于世事纷乱,西湖长期懈于疏浚。到了民国初年,湖水淤浅,荒草丛生,里湖一带全是芦苇,杨公堤以西已尽为桑田。1927年,杭州设立工务局,常年设专职浚湖工人 30 名,但因为湖面广而人手少,因此疏浚的程度有限,只能维持现状,防止继续淤塞。抗战期间,民生凋敝,疏于清理,周围山区水土大量流失,西湖淤浅也更为严重,原有的西湖日常疏浚已无以为继了。

2. 新中国成立后三次大规模西湖疏浚

由于长期得不到有效的治理,到 1949 年前后,西湖的淤泥积塞程度已经比较严重了。特别是湖的西南部大多已成了洼塘沼泽之地,杂草丛生,一片荒芜。到 20 世纪 50 年代,西湖的面积缩小为 9200 余亩。随着西湖水面的缩小,西湖西部山水间的过渡带成为农田、水荡和荒地,有的成为人们居住和发展用地,自然景观和生态环境受到了严重破坏。新中国成立后,政府对于西湖也不遗余力地进行了多方面的治理工作,努力恢复其秀丽的湖光山色。

第一次较大规模的疏浚是在 20 世纪 50 年代。这次疏浚从 1952 年开始,不再沿用历史上全靠人工挑挖的疏浚手段,而是采用了机械的链斗式挖泥船来挖掘湖泥。为了提高效率,在上海江南造船厂和上海航道疏浚公司等企业的支援下,专门添置了一艘卸泥船和其他的一些设备,加快了疏浚的步伐。基本结束了千年以来纯人工疏浚西湖的历史。1958 年,建国后第一次大规模的西湖治理顺利竣工。挖出淤泥 719 万 m^3,西湖湖水平均深度达 1.8 m,最深处达到 2.6 m,全湖蓄水量由疏浚前的 300 多万 m^3,增加到 1027 万 m^3,增加了两倍多。挖出的湖泥配合园林建设,堆填环湖低地洼塘、扩建、新建了公园,增加了绿地面积。湖床加深,蓄水量增加,调节了周边的小气候,对改善西湖环境起到了较好的作用。

1976 年,政府将西湖治理工程列入国家建设计划,再次拨专款 200 万元,重设浚湖工程处,开始第二次大规模疏浚西湖。从 1978—1982 年,第二次疏浚持续了 5 年。由于当时西湖沿岸都已绿化,环湖无处堆放淤泥,因此挖出的淤泥主要堆积在太子湾公园和黄龙饭店的洼地。受淤泥堆放地的限制,这次清除淤泥量不多,不到 19 万 m^3。虽然挖泥数不多,但疏浚工程还是很快产生了效果,1980 年后,湖水平均深度又上升到了 1.5 m 以上。

第三次疏浚从 20 世纪 90 年代开始。1991 年,杭州市政府开始着手准备西湖底泥大规模疏浚方案,直到 1999 年,历时 8 年的调查研究,汲取了国内外众多成功与失败经验,对疏浚方式、淤泥处置及利用均作了大量的研究和对比,先后提出了十多套方案。这一时期,西湖水域除了面临历史上的淤泥淤积等问题,又出现了一个新的严重问题,即水质的恶化。前两次大规模的疏浚为西湖水质的改善,采取了环湖污染企业迁出或停产、游船动力的改造、疏浚底泥辅以合理养鱼、湖面清卫、环湖截污、驳岸、引水等重大措施,虽然治理取得了很大的成效,但尚未能完全达到预期目标,西湖水质的好转进程十分缓慢,富营养化程度仍高居不下。

在自然生态系统中,影响西湖流域生态环境的因素很多,诸如地表及地下径流的自然地理条件,抵制环境污染,土壤地球化学特征,季风、降雨、气候等因素的周期性变化,水土自然风化和流失,以及西湖底泥的污染等;此外,在社会生态系统中,人类生产生活造成的气、液、固三废污染及其不规范的排放等,都会造成湖水的污染。

与历史上的几十次大规模的疏浚不同,这次疏浚所挖的大量湖泥很难找到合适的堆放地。在经过多次实地调查、分析研究以后,最终选择江洋畈为这次疏浚的一期工程堆放场地。此外,在淤泥的处理上,更加科学合理,疏挖出来的淤泥进入蓄泥库自然沉积,使泥水分离,上层的清水反输回湖中,而淤泥经自然脱水晾干后,多年沉积其中的草木种子竟然生根萌芽,自然长出了很多花草树木,如今的江洋畈山谷,已经辟建为一个新的生态公园,已于2010年国庆节局部开放。

这次疏浚以吸式疏浚为主、铲斗式疏浚为辅,底泥用明敷管道送至堆泥场自然脱水干化。到2003年,历时4年的西湖疏浚工程完成,共疏浚347万 m^3,西湖平均水深由疏浚前的1.65 m加深到2.27 m,水体能见度明显提高,水体容量由934万 m^3 增至1429万 m^3。湖水自净能力大大提高,藻类数量相应减少,西湖水质明显改善。然而,由于采用绞吸式疏挖方式,在吸走浮泥的同时,也把湖底的水生植物和底栖动物都一并吸挖走,破坏了水底的动植物平衡。同时,当湖中的葑草被当做害草除得一点不剩后,西湖的水体生态系统就失去了平衡,引起藻类的恶性繁殖,反而降低了湖水的自净能力。因此对于西湖的治理,应参照环境保护的相关原理,还需要多种方式同时参用,进行综合整治,以增加治理的效果。

历代西湖治理的主要举措①

历代对西湖的整治与疏浚,是使西湖不被沼泽化而保留到今天并成为著名风景湖泊的重要原因。从唐代到民国年间一千多年西湖水域的维护与治理中,可以总结为以下9个方面的治理举措:

1. 筑堤捍湖

唐代白居易在西湖东北隅筑堤阻止西湖水外溢,依时蓄、泄,维持了湖水蓄量的稳定,确保了西湖水体的长存。

2. 人工疏浚

这是历代保护、整治西湖水域的主要方法。规模较大的有北宋苏轼,明代杨孟瑛,清代李卫、王钧等,其余局部疏浚更是不计其数。

3. 专一开浚

始于五代吴越国王钱镠在位时,即建立常设机构,配备专职人员对西湖实行浚、治结合的常年维护。历史上凡社会处于上升、发展的时期均有之且成效显著。

4. 设置扳闸

在西湖溪涧水道口铸造闸门,量度水势加以调节,遏制浮沙及污物入湖。

5. 建造滚坝

坝址分别位于赤山埠、丁家山、茅家埠和金沙港,以水势浩大的金沙港滚坝为最。清雍正年间(1723—1735)所筑高五尺,阔二丈四尺,两岸有大石块砌墈。坝内开挖贮沙池,深度达十丈,用以积贮流沙,随时清除。坝外另筑闸门调节涧水的流速、流量。

---

① 张建庭. 碧波盈盈——杭州西湖水域的综合保护与整治[M]. 杭州:杭州出版社,2003

6. 严加禁约

自白居易撰《钱塘湖石记》立示湖畔以来,历代有识官吏皆仿效之。这既强化了规章和宣传,又利于查处违约人事。

7. 疏导溪流

西湖水源好坏,直接影响水质,历代凡重视西湖保护者均将水源疏导一并纳入整治。

8. 绿化美化

历代治湖,均能顾及西湖水域的环境治理,并且认识到植树、栽花、种草,"岂能饰游观、追啸傲也,所以坚堤堘、翼根基"。

9. 引水应急

历史上遭遇大旱而通过人工引水补充西湖蓄水量,如南宋淳祐七年(1247)。

然而,今天的西湖,除了原来的淤泥、莠草等问题外,又面临着一个历史上前所未有的富营养化问题。前些年,由于西湖水质污染不断加剧,富营养化程度日益加深,因此多次被评为劣Ⅴ类水质。近年来对于西湖的治理,除了疏浚、建坝等措施以外,还有引水、泄水、湖面保洁等一系列综合保护工作,其最终目的是建立西湖生态系统的和谐与平衡,以走上良性循环的发展轨迹。

附录二:近代莱茵河流域治理及相关事件①

时　间	事件、政策、报告、条约、文献	时　间	事件、政策、报告、条约、文献
1870 年	提出莱茵河治理标准 1	1975 年	河流大坝委员会成立
1890 年	提出莱茵河治理标准 2	1976 年	盐业保护公约
1908 年	河流行动计划	1977 年	启动河流堤防改进计划
1916 年	瓦尔河治理标准完成	1980 年	瓦尔河治理标准的修订
1926 年	莱茵河与马斯河洪灾	1982 年	统一的地区水管理规则开始实施
1928 年	埃塞尔河治理标准完成		
1929 年	开凿马斯河航道	1984 年	第二次管理文件出台
1932 年	阻德工程合龙	1985 年	治理水患
1934 年	内德瑞支运河完成	1986 年	瑞士巴塞尔工厂发生大火,莱茵河污染严重,疏浚站成立
1950 年	莱茵河国际保护委员会成立		
1953 年	荷兰南方滋得省发生海水倒灌灾害		
1956 年	第一次计算设计排水量	1987 年	制定莱茵河治理计划
1957 年	三角洲地区规划	1989 年	第三次管理文件出台,启动瓦尔河治理计划,河流自然研究项目成立
1958 年	三角洲地区规划实施,埃塞尔河修筑洪水阻拦工程		
1962 年	马斯河国际保护委员会成立	1990 年	国家环境政策出台
1968 年	第一次水管理政策文献出台	1991 年	自然发展规划、调整主要生态结构,启动马斯河内陆航运改造项目
1970 年	治理地表水污染项目开始实施,哈威林大坝合龙		
1972 年	公布河流开发限制标准		

---

① 沈秀珍,张厚玉,裴明胜编译. 莱茵河治理与开发[M]. 郑州:黄河水利出版社,2004:115－116

时　间	事件、政策、报告、条约、文献	时　间	事件、政策、报告、条约、文献
1992 年	绿色空间计划、河流生态计划、卵石清理计划,发布马斯河国际保护委员会公告,水权行动,堤防加固评估委员会成立	1997 年	防御暴雨工程启动,《为河流让路》计划实施,莱茵河下游及马斯河三角洲地区前景规划启动,完成河床管理法规
1993 年	公布第二次国际环境政策,马斯河洪灾,马斯河超标准大洪水紧急处置委员会成立	1998 年	莱茵河防洪规划出台,第四次管理文件出台,马斯河防洪规划出台,公共事务及水管理指导委员会成立
1994 年	水评估文件,波斯克国家公园开放		
1995 年	莱茵河、马斯河洪灾,大河三角洲计划及紧急行动,马斯河工程启动	1999 年	清淤站成立
		2000 年	在大河三角洲规划指导下,河流堤防加固工程完成
1996 年	防洪法案制定,《为河流让路》计划,水的未来发展规划报告完成,《莱茵河风景规划》,马斯河国际防洪工作组成立	2001 年	与防洪法案一致的设计水位评估项目完成,部长级会议确定了莱茵河 2020 可持续发展计划

后　记

　　从本研究的开题到论文的完成,再到书稿的出版,是一个充满困惑而又艰辛的过程。在写作的过程中,时常像梦境一样通往无意识的大道,将自己的真实感受流露于字里行间,这种潜意识的心理过程也导致书中难免会出现一些感性的文艺描述倾向,与学术研究本应进行的理性表达不尽相符。文字的撰写是一个远离喧嚣、静心思索的过程,自己却逐渐变得有些坚持、倔强、自我、不愿妥协,或许是写作过程中体验到的各种挫折和坎坷;或许是坠入了思想观念的深渊;或许这些原真性的自然流露着实显得弥足珍贵;也或许正是这些真实描述才具有些微人性及价值……

　　短暂而又漫长的五年研究生生涯终于要告一段落,这一段人生轨迹,回忆起来,充满曲折与坎坷,再多的感激与体会都难以言表。短暂,是习惯于做学生的我深感自己离出师的那一天还差很远;漫长,是人的一生能有几个如此宝贵的五年! 值得庆幸的是,我拥有这些年一直陪伴着我共同走来,并给予我无数关爱、鼓励、支持的师长和好友,他们是我人生中最温馨、最珍贵、最永久的财富……

　　首先要感谢我的恩师王向荣先生,先生不仅学识渊博、治学严谨、潜心研究、思想深邃,而且为人谦逊随和,特别是对学生认真负责的精神让我深深折服。他强烈的社会责任感、对事业的热忱和执著以及实事求是的人格品质是我终身学习的榜样,并将永远的鞭策与鼓励着我。论文能够顺利完成得益于先生的悉心指导,先生在科研方向的引领、高屋建瓴的建议和逻辑的掌控保证了论文向着正确的轨道前行。另外先生还培养了我作为一名博士研究生的独立科研能力,这也是在博士学业期间最大收获之一。

　　其次要感谢的是我的硕士阶段导师林箐老师,也是我的师母。自2006年进入北林以来,始终得到林老师的悉心指导与关心。她宽广的学术视野与独到的理论见解让我深深感触到风景园林专业的真正魅力;她言传身教的教学方法督促我逐步形成严谨的治学态度;她娴熟的专业技能让我领悟到设计领域的本质内涵。

　　无疑,一定要感谢董璁老师给予的指导以及对论文的肯定,董老师广博的学术视野为论文层层把关，并提出了许多切实中肯的建议；感谢李雄教授、梁伊任教授对论文的评阅，并提出了宝贵的指导意见和建议；感谢朱建宁教授、周曦教授、刘晓明教授有关专业知识的传授；感谢中国·城市建设研究院李金路院长和韩笑在课堂之外给了我一个锻炼的机会。

在论文的写作过程中，感谢师门李俰对论题的范围、内容以及结构提出了许多有益的建议；感谢舍友姚朋在日常交流与切磋过程中的启示；感谢远在美国波士顿的好友闫明对论文的帮助；感谢师弟洪泉为我从国家图书馆借来的重要文献。

感谢多义景观的各位同门师友以及员工，感谢郑曦老师、张晋石老师、郭巍老师以及阳春白雪对我在设计实践方面的帮助；感谢匡纬、于婧、沈洁、王思元、张刚、赵晶、李洋、李鑫、周健猷、赵乃莉……与你们一同工作和学习使我受益匪浅，回想起当年在多义公司欢声笑语的快乐时光，是多么的轻松惬意、难以忘怀！感谢所有在我求学道路上给过我帮助的老师、同窗和好友。

感谢我的父母和家人，多年来他们对我一如既往的理解、支持和鼓励，使我能在学校专心完成学业。

2012 年 2 月 3 日

东大·中大院